日本著名建筑师的毕业作品访谈1

[日]五十岚太郎　编

胡连荣　卢春生　周贵荣　译

青木　淳

阿部仁史

乾久美子

佐藤光彦

塚本由晴

西泽立卫

藤本壮介

藤森照信

古谷诚章

山本理显

中国建筑工业出版社

著作权合同登记图字：01-2007-0766号

图书在版编目（CIP）数据

日本著名建筑师的毕业作品访谈1/（日）五十岚太郎编：胡连荣，卢春生，周贵荣译.—北京：中国建筑工业出版社，2009
ISBN 978-7-112-11458-0

I.日… Ⅱ.①五…②胡…③卢…④周… Ⅲ.建筑师-生平事迹-日本-现代 Ⅳ.K833.136.16

中国版本图书馆CIP数据核字（2009）第185548号

Japanese title: Sotsugyousekkei de Kangaetakoto. Soshite Ima.
  Edited by Taro Igarashi
Copyright © 2005 by Taro Igarashi
Original Japanese edition
Published by SHOKOKUSHA Publishing Co., Ltd., Tokyo, Japan

本书由日本彰国社授权翻译出版

责任编辑：白玉美　刘文昕
责任设计：郑秋菊
责任校对：袁艳玲　王雪竹

日本著名建筑师的毕业作品访谈1
[日] 五十岚太郎　编
胡连荣　卢春生　周贵荣　译
＊
中国建筑工业出版社出版、发行（北京西郊百万庄）
各地新华书店、建筑书店经销
北京嘉泰利德公司制版
北京建筑工业印刷厂印刷
＊
开本：880×1230毫米 1/32　印张：6⅜　字数：200千字
2010年1月第一版　2020年8月第二次印刷
定价：**26.00**元
ISBN 978-7-112-11458-0
　（18697）

目　录

前言

学生时代的终点，建筑师之起点　五十岚太郎······················ 4

回顾与思索毕业设计

采访者：五十岚太郎　矶达雄　仓方俊辅················· 7

青木淳 ·································· 8

阿部仁史 ······························ 30

乾久美子 ······························ 44

佐藤光彦 ······························ 62

塚本由晴 ······························ 78

西泽立卫 ······························ 88

藤本壮介 ·····························102

藤森照信 ·····························124

古谷诚章 ·····························140

山本理显 ·····························158

座谈 ···································180

毕业设计与时代同在，现在，我们应如何面对？

五十岚太郎　本江正茂　列席：阿部笃·········180

简历 ···································199

照片资料 ·······························202

前　言

学生时代的终点，建筑师之起点

五十岚太郎

本书策划来自学生的呼声。

东海地区各大学的毕业设计讲评会结束后，有人说想看看现在活跃着的建筑师们的毕业设计作品展览会，于是我回答：也许办展览不那么容易，不过，出一本同一宗旨的书倒是完全可能。想想看，这可是在准备毕业设计，所有学生的心情想必都很认真。时常来出席讲评会的建筑师们当然也曾经是学生，那么，在这个年龄时曾做过什么样的毕业设计？这并非只是出自兴趣，是学生自己憧憬未来时，对活动历程可进行比较对照的宝贵线索。其实，笔者在读大学时，为了设计时能有个参考，也在建筑专业的图书馆查找研究过包括当时的老师在内的以往毕业生的毕业设计，思考这其中有多少是我能借鉴的，然后用什么办法能将其超越。学生们想看毕业设计的呼声也传达给了编辑，此次彰国社出版了这本书，因而，这本书首先对于学生而言，是急于想读的书。

什么是毕业设计？或许可以说是学建筑后，第一次真正由自己去设想问题的机会。在此之前做的都是解题作业，而毕业设计作为学校的最后一关，要求对问题的设置要有创意。在既定的框架中寻找答案，只能靠平时的授课学习。而真正的创造就是搭建新问题的框架，所以有一定难度。如果问题设置失败，转而成为既存题目的缩写再加工，这样的毕业设计就毫无意义了。当然，也还有毕业论文，不过，那往往是分担研究室的试验、调查的一部分，会受老师研究课题某种程度方向性的引导，未必可以说是个人的自由决定。毕业设计才是将自己的创意向外展示的机会。以后步入社会，不管你喜不喜欢，也只能受拘于现存的规则，但毕业设计可以不受任何约束，也允许纯粹的可能性构想。这才正是有学生味的毕业设计。

本书除采访外，还调查了过去的资料，每次见到建筑师时总要请他们回顾学生时代，了解他们毕业设计的情况，总有很多新发现。毕业设计多与他们后来的工作有某种联系。通过毕业设计能够重新考虑作品，确认原点。当时，可以说都是些容易受潮流左右的学生，但已显现出了独特的个性。所以，本书内容对于理解建筑师现在的创作也很有意义。学生们所作的毕业设计经过时代变迁已成为了历史，但从中可汲取的内容却日益丰富。假若读一读以往学生建筑设计优秀作品展的小册子就会发现，虽已过去了 10 年，我们还可以从这些册子中获得新的启发。这仅仅曾是些学生名单，现今已成为刻记着建筑师起步足迹的文件。

所谓毕业设计就是学生时代的终结，同时也是建筑师生涯的开始。过去，研究建筑师的作家多以毕业设计作为起点。正因为是学生，才敏感地反映出时代的气息，同时也强烈显现出个人的方向性。不管将来走哪条路，在尽全力完成毕业设计方面的经验，都有助于他们每个人风格的形成。所以，10 年、20 年后，再回过头来看这些毕业设计，或许会发现其起点想表现的是什么主题。

然而，就毕业设计向建筑师提问时，曾多次被反问：你那时如何？因为这难免要挖掘出幼稚可笑的过去，所以，不要总是单方面地提问。若不是建筑专业出身的人还可以推脱，但是，只要有共同经历也就有回答的义务。对此，本书总括的对话中作了交代。当时，对于最终也未成为建筑师的本人，重新认识了毕业设计所具有的重大意义。

如今，本书在手，担负未来重任的你们该出场了。

回顾与思索毕业设计

采访者：五十岚太郎　矶达雄　仓方俊辅

青木淳

毕业设计

两幅城市地图的重叠　　　1980 年

采访者：五十岚太郎

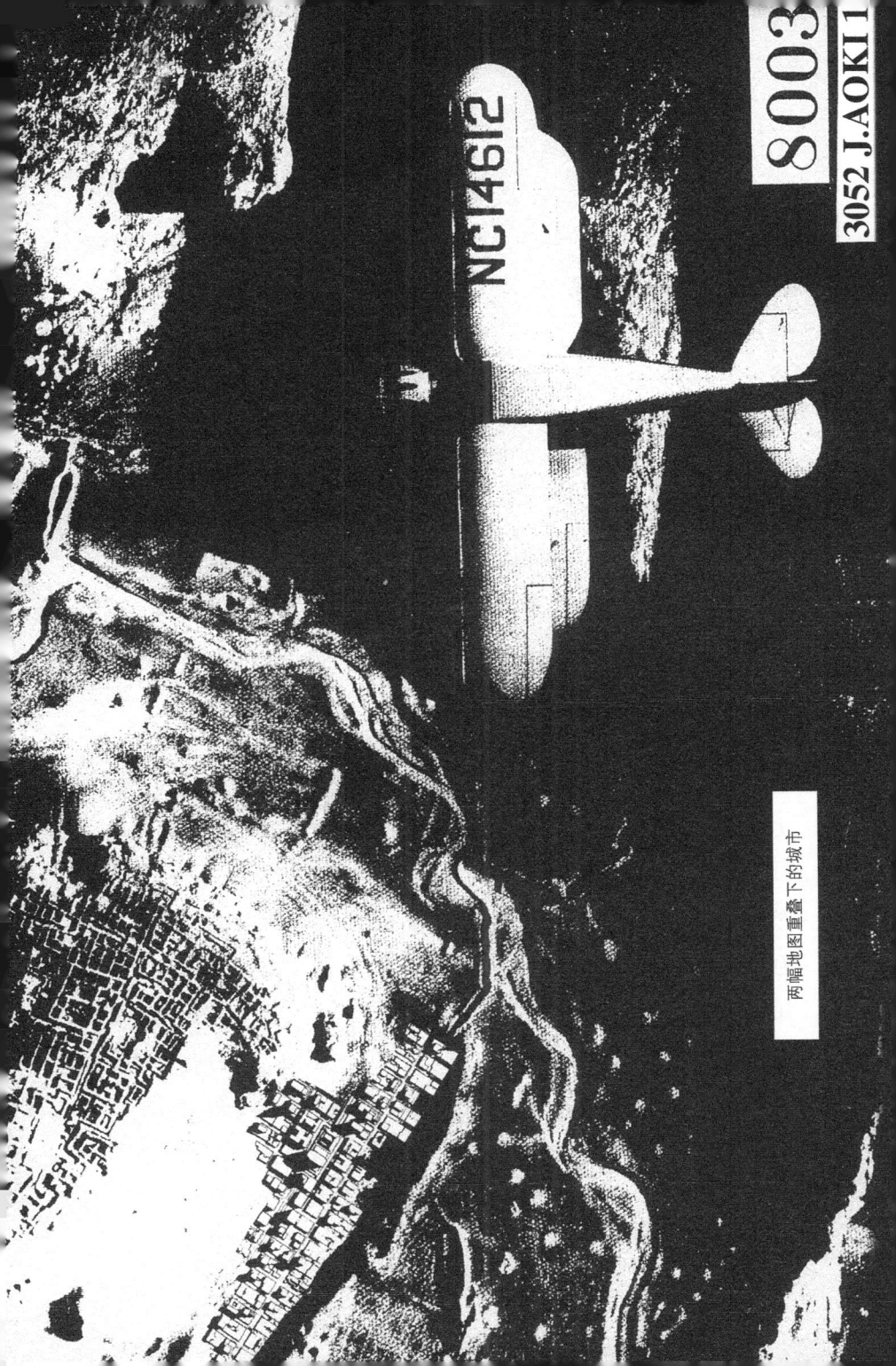

NC14612

8003

3052 J.AOKI 11

两幅地图重叠下的城市

五十岚：刚看过青木先生的毕业设计，很多地方不甚明了（笑），想逐一了解一下。您是从哪些问题着眼完成这一毕业设计的呢？

　　首先是将整形和不整形的两幅地图重叠的地方作为建筑用地，以及把两张地图拼成一对来集合成一张地图的一体化表现形式。这是出于什么考虑呢？

青木：毕业设计的题目总也定不下来，所以就首先从选择用地开始了。我想有一块好的用地就会萌发出好的创意。于是，去查看东京地图，觉得有趣的地段就每天去察看，但结果全都失望了（笑）。有个地方叫千住樱木，在荒川、隅田川附近，是夹在两条河中间的非常狭长的地带。从地图上看是个非常特别的地方，曾经乘巴士去那里看过，实际上却根本没有什么情趣可言。晴海、丰洲也从边到角全都走了一遭，仍毫无收获。很惭愧，这才终于明白了实地的情趣与地图上的情趣原来是完全不同的。

　　如此一来，我想不以实地作建筑用地，还不能以地图为基础吗？于是，看着地图妄想一般在脑海中浮现出一幅风景画，这风景画与实际现场格格不入，我想能不能把这些空想在建筑用地上实现呢？

　　在毕业设计笔记本上我这样写道：地图为什么让我们如此迷恋？过去，那是王公贵族以特权居高临下描绘出的都市。因为我们抱着成为这里的统治者的幻想，对一条"线"所表示的街道，看得如丝线一样微不足道，并由此而感到放心吗？不是，地图确实是表示都市的，对于熟悉这座城市的人来说，看地图只不过是单纯的确认行为。尽管如此，就地图自身而言，不就是我们想象的另一个区别于现实的都市吗？地图的魅力就在于地图上的都市和现实中的都市存在着差异，不然，为什么意大利的古地图会那么细致地施以丰富色彩呢？

整合中孕育着不整合

这里的两张图修整成的整合街区，未整合街区

修改成带对称轴的，这些图的碎片

然后，当碎片拼起来时，地图上突然出现了各种各样的整合，未整合关系

不整合中包含着整合

现在读起来，实在为这样自负的文章感到难为情。也许我也曾对地图有过一种盲目崇拜的感情吧。

不管怎样，现实的土地也罢，由地图想到的架空土地也罢，暂且把它放在一边。我的注意力转向与其关心空间是用于什么目的，不如关心什么场所存在或将要存在何种空间。这与当时那个时代的"建筑文脉主义"有关。

五十岚：《a+u》里面也有关于这一动向的介绍，八束初先生也有相关的论断。

青木：是的。东京大学的学生二年级下学期要确定专业方向，我决定进建筑专业，准备买些建筑类杂志看看，就去了书店，偶然从书架中找到一本《SD》的建筑文脉主义特辑（《现代建筑新思潮：形式主义、现实主义、建筑文脉主义》1977年第10期）。刊首是八束初先生写的论文，可是反复读了几遍根本看不懂（笑）。这一期出的是专刊，此后直到毕业这段时间，看杂志一直在重复第一页。里面载有莱昂·克里尔（Leon Krier）的几个项目方案，都是我非常喜欢的内容。巴黎拉维莱特公园（La Villette）的参赛方案中用彩色铅笔画的夜景透视图、拉长的窗户及其机翼般延伸出来的阳台、橙色围巾随风缭绕的人的剪影等。总之，现在回想起来，吸引我的不是建筑文脉主义理论，而是拉维莱特公园的诗情画意（笑）。因为我曾喜欢拉维莱特公园项目方案的品位，也许那里所带有的，或曾经有过的那种以都市风景为前提的思路，引起了我的共鸣。

当时正值科林·罗（Colin Rowe）的《拼贴城市》出版，是一个很流行拿两个对立物作对比的时代。《拼贴城市》带有柯布西耶（Le Corbusier 1887～1965）的尤尼坦·达比塔西奥（Unité d'Habitation 法国马赛的公共住宅区，柯布西耶设计 1952年）和意

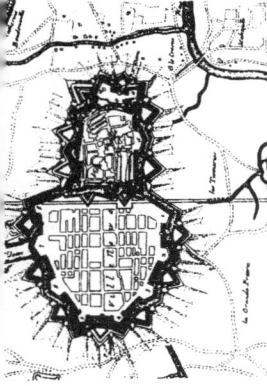

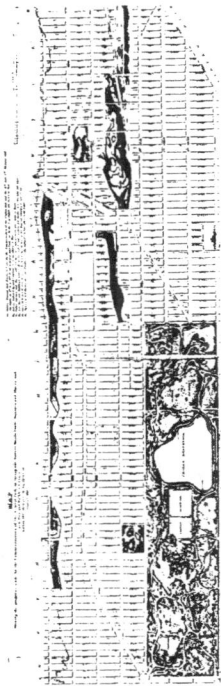

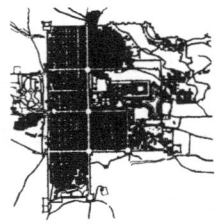

在集合了各种隐藏于城市之中的整合与未整合的对立的架空城市中。这些能吻合它们原本的位置和形状。恐怕是对立的吧，我想把这两种对立的性格混合在一起。

这里要解决的问题限于以下三个方面：找到一个将建筑用地与周边环境连接起来的方法；将复杂的整合与未整合用内包的都市空间成一个异质性的都市空间；然后，将这两极分优先。由此，将这个都市里部分优先，要让这个都市里部分就在这于全局。我的作业就在这部分积累起来。

都市空间的思考试验别无他法。建筑物的功能，可以着作是都市空间的结合，空间的结合，以学习都市空间和演出复兴人的剧场设施为主。

NANCY

IMPERIAL ROME c1834

VIENNA

ISPAHAN

JAIPUR PALACE

ROME 1551

奥斯曼男爵改造巴黎。整合中世纪巴黎未整合的街道。

波斯的圣徒谷地。相反把网格状的街道抛弃，变成不整合的公园。

大利佛罗伦萨（Florence）的乌菲兹（Uffizi）的对比图版，使我印象深刻。一眼就可以看出这两幅中的"图"和"底"形成反转关系，整合的街道和未整合的街道的对比、对立也是一个题目。《拼贴城市》的卷末是伊斯法罕（Esfahan，Iran）的地图，让人觉得其未整合的样子反而恰到好处。

由于学生时代的这种倾向，我很自然地受整合与未整合的街区这一题目的诱导。从地图上看过去，千代田区的三崎町是个有趣的图形，网格图形街道45°分开的对角线道路贯通之处，有着独特的整合图形。然后是文京区本驹入一丁目，道路或分支跨越，或呈锯齿形曲折前行，我在这里找到了有趣的未整合图形汇集的场所。于是，就决定以地图所展示的三崎町、本驹入作为建筑用地。

最初，选了两块建筑用地，将两块用地分别设计意义不大，所以我就想，把两块用地重叠起来会怎么样呢？未整合的街道稍稍处理一下在地图上将其表现为整合的街道，反过来，整合的街道稍稍处理一下在地图上将其表现为未整合的街道，当时考虑了这两种可能性，觉得都很有趣。所以我就想：能不能制作一种具备这两个方面的地图呢？想到这里，我就把各街区的地图以镜像反转复印在描图纸上，做成一幅左右对称的地图，再用火柴适当地燎一燎这两张地图相交接的地方。

五十岚：接缝之所以偏斜原来是用火燎过而造成的。

青木：是的。当时这样做是为了让这一区域显得自然些，其实实际上也未必一定要动火燎的，只是那时的我对于燎地图总有些想尝试的感觉。可能是受到寺山修司或安部公房的直接影响吧，成了"点燃的地图"（笑）。

五十岚：这里的地形是平的吗？

青木：本驹入的那些未整合的街道有起伏，当然，街道图形之所以形成未整合状态，大致上也是由于地形的缘故。在我的方案中，未整合的街道稍稍叠在整合的街道上，就显出了地形的起伏，这样一来，就表现为带起伏的网格图形了。这不是很有意思吗？

但是，作为方案，我觉得我并没有很重视起伏问题，这可能与过去还没有做模型的习惯有关。做过的课题也不过就是平面图练习，只懂得靠平面图把立体空间形象化，虽然老师强调过截面图很重要，但是，当时并未领会练习截面图的意义。当时的我是够差的吧（笑）。而且根本不懂模型是什么，只满足于通过平面图唤起的立体形象。

五十岚：刚才你说建筑文脉主义的背景，让我想起了阿德良离宫（Villa Adriana 古罗马贵族疗养区及皇帝别墅，世界文化遗产），那是哈德良皇帝（Publius Aelius Traianus Hadrianus 公元 76 ~ 138 年罗马帝国第 14 代皇帝）将巡游罗马各地时所见的风景记忆，以各种建筑风格相互冲突地给予再现。在这一点上，青木先生的作品却完全不同，选择了作为某种预示的典型，却使原有场所的意义完全消失。

青木：是的。哈德良皇帝的宅邸在《拼贴城市》中也出现过，我喜欢其引发出想象的图形。不过那并不是记忆的集合体，该图形终归是具有唤起想象空间的意义。尤卢斯纳尔（Yourcenar Marguerite 1903 ~ 1987 年法国小说家）的《哈德良皇帝的回忆》也是我喜欢读的一本书，但是对再现关于某个建筑的记忆毫无兴趣。现在、过去一贯如此。所以，我也并非很理解建筑文脉主义（笑）。

五十岚：你在作品题目上借用了杜尚（Marcel Duchamp 1887 ~ 1968 年 美术家 法国出生，以后在美国活跃）的《大玻璃》（亦名《被单身们剥光了衣服的新娘》），青木先生在驹场时正在复原这个《大

LOCATION-IRREGULAR CITY

3052 I AOKI 4

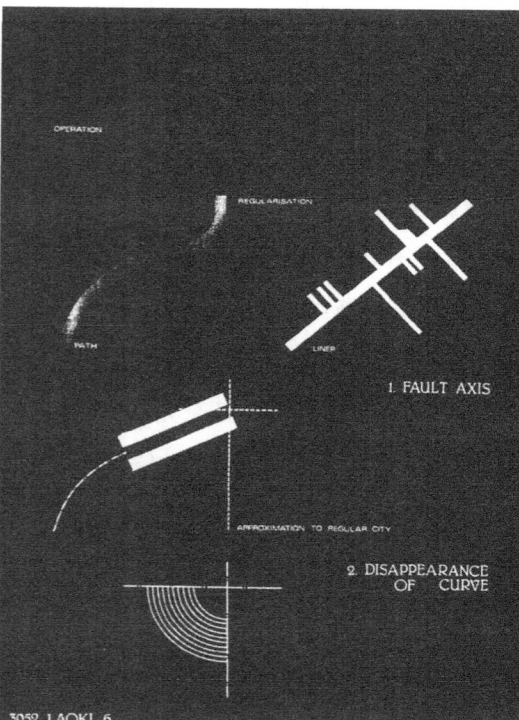

OPERATION

REGULARISATION

PATH

LINER

APPROXIMATION TO REGULAR CITY

1. FAULT AXIS

2. DISAPPEARANCE
OF CURVE

3052 I AOKI 6

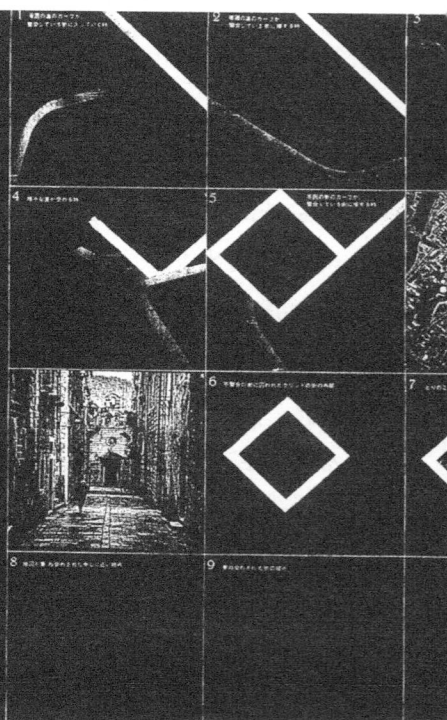

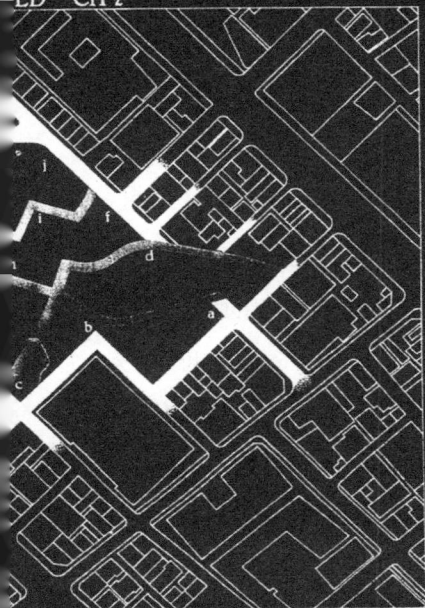

3052 J AOKI 5

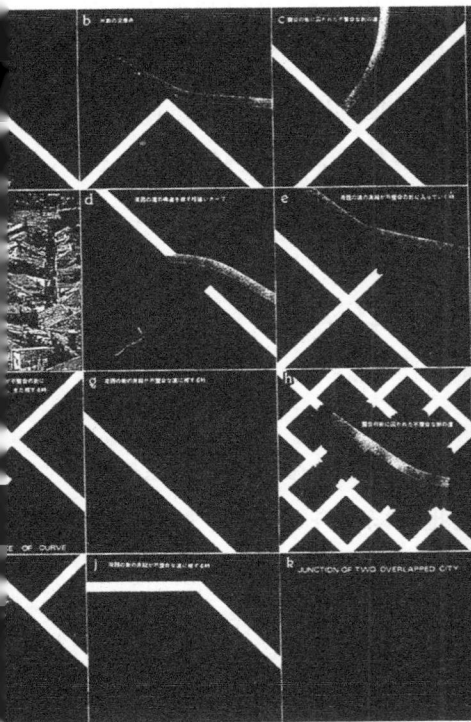

JUNCTION OF TWO OVERLAPPED CITY

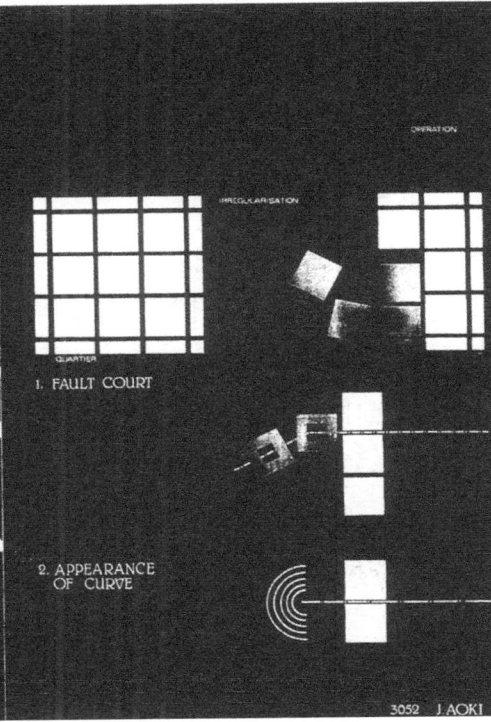

OPERATION

IRREGULARISATION

QUARTIER

1. FAULT COURT

2. APPEARANCE OF CURVE

3052 J AOKI 7

玻璃》吧。

青木：当时正好刚完成复原，在驹场图书馆旁边的美术馆里展出呢。不过玻璃没破吧。

我喜欢杜尚不是从实物开始的，而是通过书开始的，有宫川淳的书、东野芳明的《曼塞尔·杜尚》等，东野芳明的书是一种教科书。课题出来，不知道该做什么才好，于是就读了这些书思考(笑)。看着《绿盒子》思考方案，真正看到杜尚的实物作品是在那以后很久的事了。

○　　　○　　　○

五十岚：看过青木先生的毕业设计，不知它具备哪些功能，有些地方是只显示出了形式，看上去好像一片遗迹。这块建筑用地上将被赋予什么功能，全部要放到后面去明确吗？

青木：是的。至少设计的时候没有考虑功能问题。从平面设计到逐渐树立起从未见过的空间，以及看着那些根本想像不到的连接，仅此已经让我兴奋不已。

五十岚：你在图纸上写的这是一个剧场设施，可是看上去也像个图书馆之类的，真是让人想琢磨明白它到底是什么啊！

青木：啊，真是那样吗（笑）？因为到最后毕竟要加入功能的，所以当时就见机行事了。

如果能找到对整个项目好的方法，接下来就循着这种方法摸索下去，那么，想像中就会遇到连自己也难以预料的空间。这种时候让人非常高兴，所以我认为这就是"建筑"。至于功能、结构、设备等现实的构筑，我根本不去关心。毕业设计也是这样，只是在平面图上画几根柱子之类，没有形成结构性能，只不过是个图形而已。尽管如此，将要交稿时，突然想到"这有什么意义吗"的问题。这可是根本性的问题，可是不交毕业设计分数要受影响，所以，也不可能放弃啊。帮助我摆脱困境的是低年级同学们，尤其是其中作为"头领"活跃的，比我低一年级的松村拓也君，至今仍对他感怀至深。

模型几乎是他一手帮我完成的，可我实际上对三维空间是怎么回事毫无兴趣，所以连个剖面图都没有。我的头脑里有空间形象，所以，我想如果有平面图就可以做出模型了，于是把平面图交给他，跟他说"就按这个做吧。"松村君很成熟大气，一声"好吧"就开始给我做了起来。但仅有平面图是没法做的。当他问道："青木君，这里高度是多少啊？"、"这个部位哪一侧应该高出一些？"等问题的时候，我就去查询头脑里的形象，可模型都是凭数字，常遇到前后不符的现象，不得不一再返工。就是这样他仍毫无怨言地把它完成了。做好了模型我才第一次得知它的整体形象。（笑）

五十岚：简直是复原出土文物啊（笑）。只留下平面图，让人从平面图上把它复原成立体的。最后才勉强有了剖面图。

青木：剖面图、立面图是最后看着模型画出来的（笑）。

五十岚：设计进行期间，和老师、朋友商量过吗？

青木：大学时代对设计谈得最多的是现在神户艺术工业大学的花田佳明君。他漂亮的设计总是遥遥领先，建筑学知识也是出类拔萃。我的方案拿给他看，经常受到指点。毕业设计也是这样，在最终决定方法之前常问他："这怎么样？"他若是"嗯……"，就是方案有问题，应做修改。创意、计划系的老师有槙文彦先生、香山寿夫先生、铃木博之先生，包括方案在内都请他们看过。但再深的没有给他们看，因为即使他们提出了意见，我也无法退回去修改了。

那时候，做毕业设计要连续几周吃住在大学的制图室，开始住过去之前，方案初稿已准备好了，接下来由朋友或低年级同学帮助结成一个小组，我的工作间夹在花田佳明君和现在已成为东大教授的松村秀一君之间。花田君有严格、明确的计划，每天都有实在的进展。而松村君说话带关西腔，来帮忙的人也都是一口的关西腔："你在弄些啥玩意儿啊？"听着很有趣，也很热闹。由于松村君预订了海外旅游，日程在提交日期之前，为此，基础工作也动得比较早。而我这里，自己认为已基本完成，下面的只是操作了，可是一着手做起来却全不像那么一回事（笑）。

当时已开始喷洒颜色了，最后整理时要用丝网将图纸覆盖起来，在上面用毛刷蹭颜料，这种方法可达到气刷的效果。就在交稿的前一天，在图版上做最后整理，可不知是哪一位把墨水碰翻在图纸上，有一张彻底报销了。我说："不交了，没关系的，还可以留级嘛。我也好去睡一会儿了。"说完就去睡下了。可是一觉醒来，奇迹发生了，图纸全部重新描好了。是松村君，还是他们大伙？谁也不告诉我。当时那个高兴劲，比这高兴的事从未有过也再未有过。

○　　　○　　　○

五十岚：在以青木先生的《荒野》和《游乐场》（《新建筑》2001年第12期）为代表的设计论文中认为：对某种形式性要彻底推行。在毕业设计上你所采用的形式是：将完全不同世界的地图融合，在其接合面上自动生成建筑。另外，在两个不同世界的交汇点上建造空间的这种形式，这也是青木先生的建筑具有的共性。现在回过头来看，其关联部分是不是还有很多呢？

青木：就我自己而言，我是想到哪儿做到哪儿的学生，我对于建筑方面的知识明显不足。我只要想做什么事，不睡不吃都不在话下，就好像世界上已经不存在其他事情了一样。进入三年级来到了本乡校区，开始着手设计课题，发现这很有趣。所以上课的事全置之脑后了，去学校仅仅是为了设计方面的课程。要问我为什么这么着迷，就因为一找到制定方案的基本方法论，就会钻进去往前赶，这时，不知是超越自我的感觉，还是开车去兜风的感觉，为这种感觉宁可不睡觉都行。

过了一段时间以后，我去了矶崎新的事务所，承接水户艺术馆的项目时，八束先生告诉我有一个雷姆·库哈斯 [Rem Koolhaas，荷兰建筑师，1944 生，创立 OMA (Office for Metropolitan Architecture)] 的演讲，邀请我同去。演讲介绍了巴黎国立图书馆项目（1989 年），这个建筑并非决定空间后再去配置东西来构筑这一空间，而是通过配置积层的墙来最终形成空地空间的构筑方法，从一般的建筑构思来看，是常规上的前后反转，从而建成了让人闻所未闻的空间。听着解说，回想起远在学生时代自己体验过的感觉。哦，原来这就是我想从事建筑设计的理由。恰好，当时我正拿不定主意是否辞掉矶崎先生这里的工作。这使我下了决心毅然地独立了出来。

学生时代考虑的问题和写《循规蹈矩，还是超速飞驰》（《新建筑》1999 年第 7 期）时的感觉，似乎有隔代遗传的关联。

五十岚：这种毕业设计不会出现在建筑师的工作中，只是其方向性、原理仍与现在的风格相关联，所以我感到这是一个只有在毕业设计中才可能提出的方案。

青木：是的。毕业设计对于很多人而言，往往都是从根本不懂建筑到略有了解，我认为可理解为人生起点上的一个很大的事件，而且是一生只有一次的阶段性事件。毕业设计是为自己做的，是在此之前自己最喜欢事情的核心部分的大幅度扩大，随心所欲去干就行了。没有必要去权衡左右，也不在乎旁人如何评价，能把此前的事情全部理清就可以了。完成毕业设计之后，我几乎半死了（笑）。

提交的作品，结构系、设备系的老师都要打分，我好像都得了0分，但历史系和规划系的老师都给了我满分，像这样两种极端的分数还从来没有过，险些颁发辰野奖（笑）。其实交卷后，我自己连看都不再想看，有种刚从厕所走出来的解脱感。毕业设计上交了，做这种毫无意义的事怎么行呢，变换一种思路，开始学习，接着到矶崎先生的事务所打工去了。

五十岚：那么，从那以后再也没把毕业设计通篇地看一遍？

青木：是的。从那以后再也没有。

○　　　○　　　○

青木：你说过有好建筑，也有失败建筑是吧，柯布西耶的建筑美奂绝伦众口皆碑。但是，到底美在何处当时我根本说不清楚。那时正在流行符号学，所以我觉得这一定和符号一样，正是因为有符号的表现，符号的意义才会随之而来。所以，好的建筑还是坏的建筑那是随后而来的事。

读硕士二年级的时候，头一次去欧洲，当时一路上看着各种建筑，心里就分出了好的和坏的，我觉得毕竟还是有区别的嘛。哈德良皇帝的别墅没意思，帕拉第奥风格(Palldio 发源于16世纪意大利)的建筑也就那么回事。挑出印象好的记下来，回到家经过调查发现，这些都是由强烈的意识形态产生的，并一贯如此。譬如，卡尔·恩（Karl Ehn）的卡尔·马克思·霍夫（1930年，Karl Marx Hof，维也纳，世界最早的公营集合住宅）、布鲁诺·陶特（Bruno Julius Florian Taut 1880～1938年）的马蹄形集体住宅、布里茨·基德鲁库住宅区（Siedlung，1931年，柏林）等，都是考虑某种问题并进行追随而建造起来之后，即便不理解它的初衷，也会有能量留在什么地方。总之，给人感觉内容并不重要，实际做的时候的首尾一贯性以及对它的追求才更重要。

五十岚：也就是说彻底推行带有意识形态的某种形式，在以后的时代也许其内容意义消失，只剩下僵硬的形式性。

青木：就是这样。与其说静态的形式化，还不如说是在动态意义上生成的形式化产物。所以，写硕士论文时就想过要不要写俄罗斯的前卫派艺术运动，那里不是有尚未发掘的强烈的意识形态吗？于是，我开始琢磨从哪里动笔，不管怎样，就从卡吉米尔·马列维奇（Kasimir Malevich，1878～1935年，俄罗斯抽象派、未来派画家）开始了。仅此就有很大篇幅，靠它就足以完稿了(笑)。说是建筑论文，可讲的都是绘画。

○　　　○　　　○

五十岚：今年，仙台举办的毕业设计日本第一决赛的审查，青木先生着力推荐另一个不同于审查委员长石山修武先生认可的设计方案，这成了人们的美谈。据说是图画得非常漂亮的学生作品。

青木：到我们审查的时候，已经有110件通过预选的作品汇集在一起了，我把剔除的作品也包括了进去，全部一视同仁。可是，说句

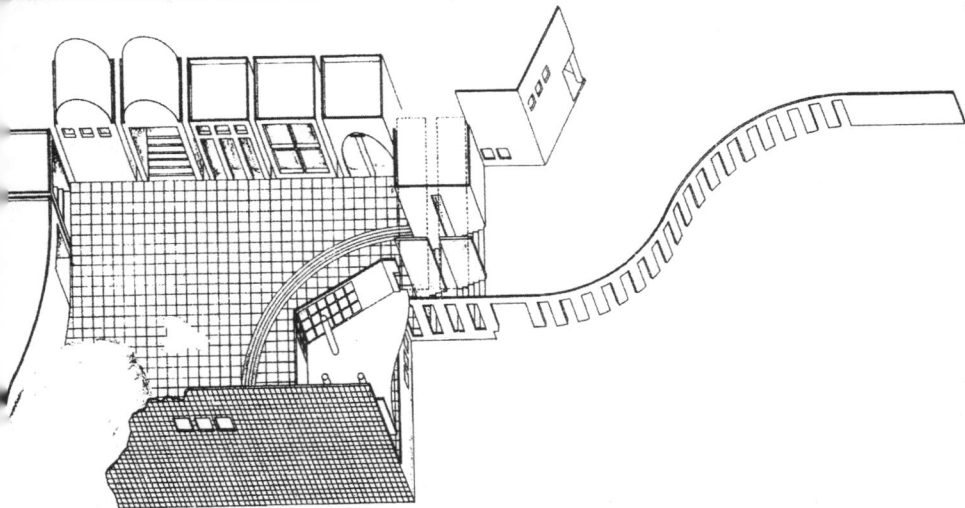

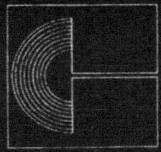

APPEARANCE
OF
CURVE

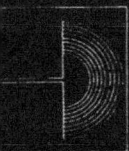

DISAPPEARANCE
OF
CURVE

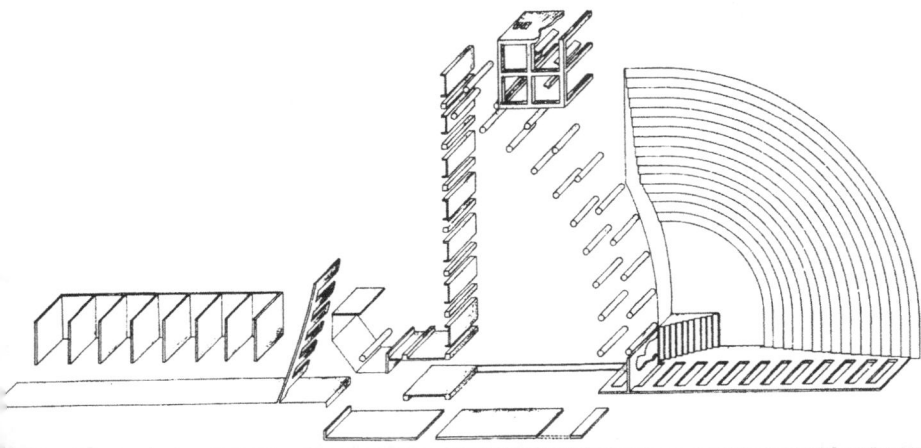

实话，没有能让我眼前一亮的东西。开高健不是有一部小说《裸体皇帝》吗，就跟这类似。主题的设定也好、建筑的内容也好，都是优等生式的，并且全是些似曾相识的东西，给人感觉根本没有释放出来。

唯一觉得不错的是一个只有意象图和模型的作品，对作者来说是理想的都市形象。像是变形金刚的造型，其本身仍然是似曾相识的东西，但是具有全面彻底完成事物的魄力。我想像着完成这样作品的是什么样的人，可能与我学生时代一样，想做自己喜欢做的事，可是说到设备性、结构性怎样，社会意义如何，那肯定是受到了排斥。愤懑由此爆发了，对于这样的作品也不能视为毕业设计，太奇怪了。

我视野狭窄，依然故我，顽固地坚持"就是这个！"于是就坚决地选定了这个。这就是日本第一的毕业设计。

五十岚：各大学挑选自己的代表时，都要考虑学校的脸面吧，学校有自己的体制，从这个意义上看，脱离大学的圈子框框来看毕业设计，也许能评选出真正的毕业设计。

青木：其实学校才应是从事这种评价的地方。学生想做的事就一定做到底，"果然很好，原来就是想做成这样的东西。"一个学生若听不到这样的表扬，这一阶段的学习就不能完成，而且到什么时候都要反复同样的事情。学校是这样希望的吗？我觉得学校的作用就应该从后面推动学生这种自发的进取心。在建筑方面有预见性地把正确姿态溶入其中，在这样的框架中造就学生不正是学校的作用吗。

石山推荐的作品也不错嘛，突出表现出造型训练很有功底。具有社会意义方面的作用，实际上也是因此受到好评。即，评价极大受到 PC（Political correntness，政治正确性）标准的左右。当然，这不是制作该作品的学生的责任，可是，假设抛开 PC 这方面，这

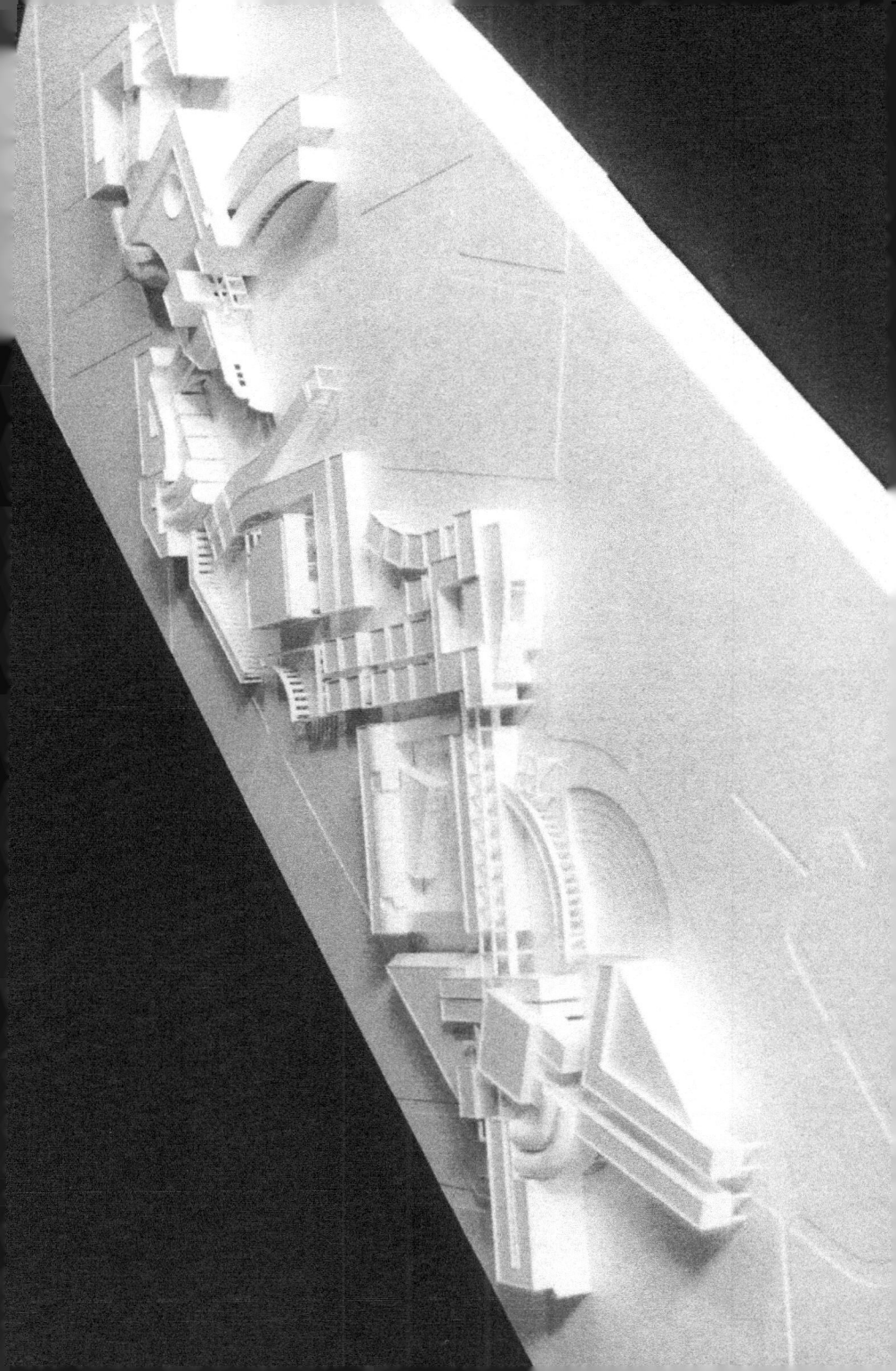

一作品做到了能受到认可的程度吗？我表示怀疑。就我本人而言，尽管问到我时，我曾着重强调了社会意义。

五十岚：确实。最近，连学生的作品，甚至没有实际制作的毕业设计也受到 PC 标准的沉重压制。今天我们这番话是向学生们的表态。

青木：建筑是物质的，物质无法传递其内容。正确与否先搁置起来，需要的是走向要去的地方。

TWO CITIES OVERLAPPED BY TWO MAPS, EVEN.....

毕业设计

都市洞窟　　　1985 年

采访者：五十岚太郎

硕士毕业设计

关于身体的四个试验　　　1988 年

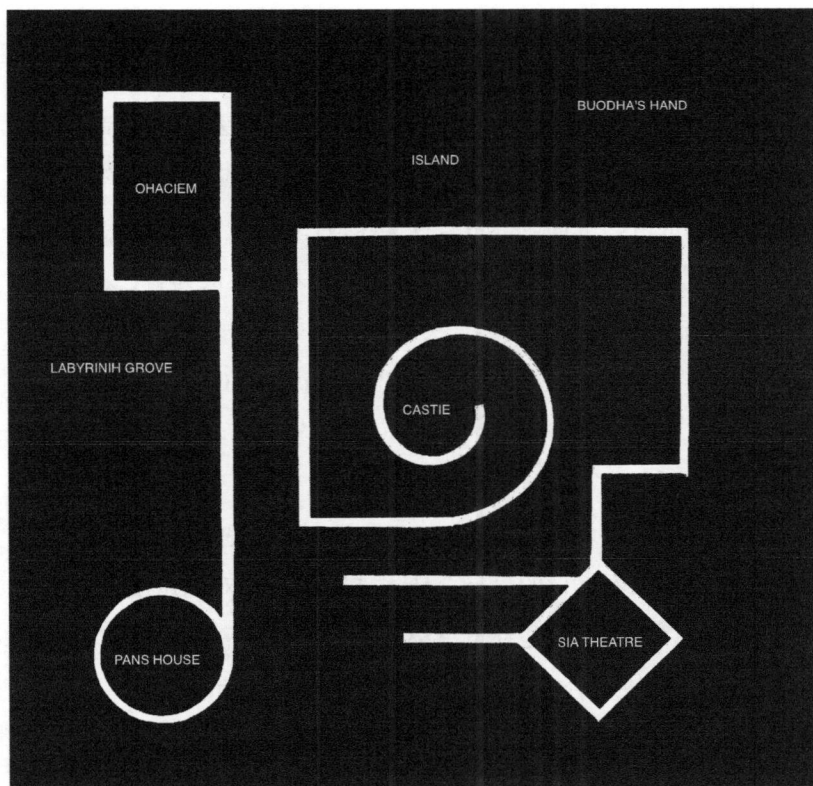

BUODHA'S HAND

ISLAND

OHACIEM

LABYRINIH GROVE

CASTIE

PANS HOUSE

SIA THEATRE

都市洞窟

五十岚：您在您的设计中将各种组合形体的造型功力都发挥出来了，但与其说是基于时下流行的明快规则做的设计，不如说是未做说明，而给人更复杂的印象。你在做这个毕业设计时都考虑了哪些问题？

阿部：这个毕业设计实际上大约用了一个月时间。离交稿日只差一个月又正值年底的时候，却把此前所做的全都放弃了，开始了完全不同的内容。此前所做的是街区的大规模开发，是一个基础设施集中的建筑方案，但是一到年末，就什么都干不下去，毕业设计特有的"病症"发作了（笑）。没有任何真实性地去编造街区的综合设施简直毫无价值，全都显得带有欺骗味道。

于是，我想不去理会社会的理由，而去开发仅为自己的空间。算作在建筑上的自我欣赏吧（笑）。下面该怎么办也没有主意了，无意中读了卡尔罗·斯卡帕（Carlo Scarpa 1906～1978年，意大利建筑家）的书，普里奥·威格（1972年 Brion Vega）的画吸引了我，便在那上面画了起来。

五十岚：所以，就成了这么个不可思议的形状是吧。就"都市洞窟"这个作品标题来看，你的设计会让人感受到一种对洞窟或对人体尺度的空间的兴趣。不会是都市里秘密隐藏的民房一类的建筑吧？就仿佛是那种会发邀请函，然后进行某些娱乐性活动的地方。

阿部：建筑用地设定在仙台的某个地方，实际上什么样的地方都可以（笑）。丝毫没考虑对都市起什么积极意义的作用，当觉悟了这只是自我欣赏的建筑时，就与都市完全无关了。把2米多厚的墙上开一个洞，钻进去，钻进去的做法也许是用来表示与都市诀别，到里面去的决心。现在回过头来再看，与外部脱离后，虽然仍有装饰的要素在里面，但我觉得提示给我的空间的现实感更强了。

五十岚：确实，感受到了普里奥·威格的那种轮廓线，其对都市

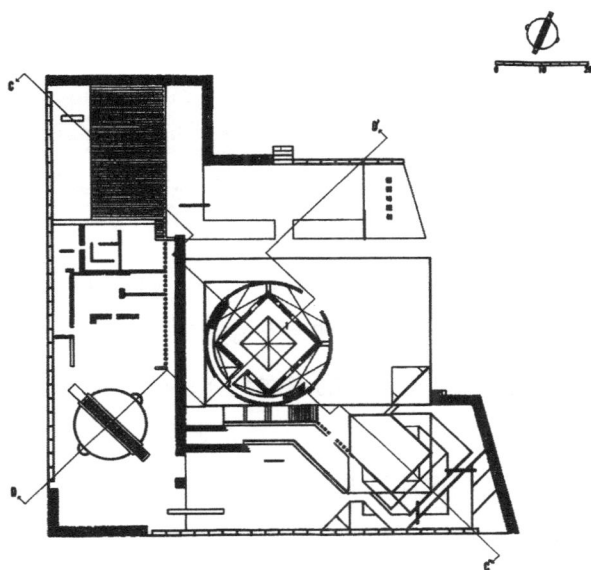

1 BALCONY
2 TERRACE

3 RD FLOOR PLAN

都市洞窟

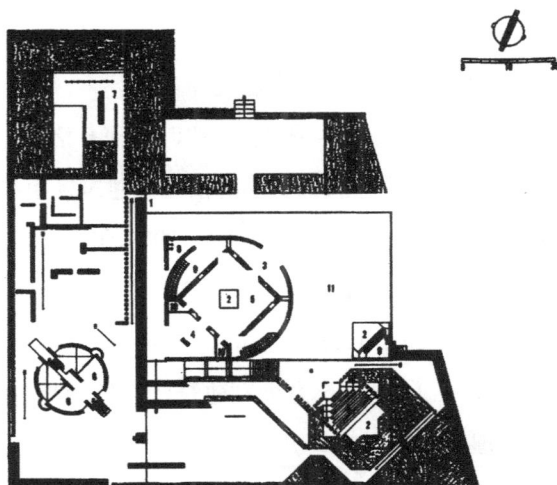

1 MAIN ENTRANCE   6 MEMBER'S ROOM   11 TERRACE GARDEN
2 STAGE   7 GALLERY   12 BRIDGE
3 TERRACE   8 SPREAD CORNER   13 POND
4 ENTRANCE HALL   9 PREPARATION ROOM
5 SEAT   10 WC

1 ST FLOOR PLAN

的网格也多少引起一点旋转运动，这种形态是怎么产生的呢？

阿部：是的。为什么会旋转呢（笑）？恐怕是为了显示与现实的土地完全不同的形态吧。看墙的细部到处都是对普里奥·威格的追从。

我记得当时想避免随意设计的形态，用单纯的几何图形组合，制作出偶然性的空间，从那里开始设计。比如给活塞里插一根管，或管与管的组合等，是纯粹的形态组合，漫无规律，没有程序，完全的图形方式。

五十岚：平面的形式性很强，那么，模型做出来了吗？

阿部：模型没有做，当时的东北大学还没有造型切刀，很少有人做模型，都是使用轴线测定投影图或用透视图表现。

五十岚：现在可以用计算机很简单地画图，而手绘的工作量就相当大了。

阿部：我自己画好以后，有人帮助着色。是受了当时的合理主义影响。

五十岚：当时感兴趣的是哪些建筑师？

阿部：那个时候随时都有各种变化，当时对阿基格拉姆（Archigram，活跃于 20 世纪六七十年代的英国的前卫派建筑师组织）、路易斯·I·康（Louis Isadore Kahn，1901～1974 年，美国建筑师）、阿尔多·罗西（Aldo Rossi，1931～1997 年，意大利建筑师）、马里奥·博塔（Mario Botta，瑞士建筑师，1943 年生）、斯卡尔帕（Carlo Scarpa，1906～1978 年，意大利建筑师）等感兴趣。尤其喜欢康，康以人性化理论做装扮，却用完全相反的原理从事建筑设计。感到人体规范尺度、功能等可有可无，是自动生成的动态主义计划。我只憧憬这样一些东西，所以就想在毕业设计初稿中设置基础设施，其结果就自动呈现出空间，再给这些空间一些意义就可以完成了。

但并未成功。

五十岚：确实是这样。拜读过这个毕业设计，让我联想到为阿尔多·罗西所注目的意大利合理主义建筑师泰拉尼（Giuseppe Terragni 1904～1943 年）的丹泰乌姆寺院（Danteum 1940 年），几何结构中设有路径，这路径则是展现出各种场景的地方。

○　　　○　　　○

五十岚：从东北大学毕业后，去南加利福尼亚建筑大学（通称 SCI-Arc 塞奥科）时是怎么考虑的？

阿部：当时我是带着对彼得·埃森曼（Peter Eisenman，1932 生，美国建筑师）的解构主义建筑的兴趣以及对安藤忠雄先生的空间的喜爱，想在拓宽建筑视野的过程中逐渐形成我个人的建筑观。我一直抱着毕业设计时的想法，空间生成的时候，其确立的根据是什么呢？经过怎样的过程，才能最终产生出自己风格的建筑？才能确立自我表现的自信呢？

去 SCI-Arc 做硕士设计时，也回到了同一问题上，就是我的建筑从哪里诞生，又走向哪里？比起在日本的时候，更积极地动手制作了。毕业设计时曾一边询问自己一边制作东西，而现在更直接地去尝试了。

五十岚：硕士设计是什么内容？

阿部：是自身与环境关系的四个实验。

第一个实验是把纸箱摆在 SCI-Arc 的屋顶上，看一个人在里面能呆多少时间，把这一过程记录下来。想知道处在被隔绝的空间时，自己内心会出现什么变化。结果是在里面舒服地睡着了（笑）。

很多加利福尼亚人都对冥想有兴趣，从纸箱里出来时，有人问"看到真理了吗？"我不是那种信神的人，实际上出来只是为了去卫生间（笑）。

第二个实验，将塑料制的球体用吹发机吹进空气支撑起来。我一个人到里面去，放置在路边上。结果各种人过来和我搭话、触压球体。虽然并未直接触动我的身体，但是身体感到被推动了。外侧与内侧真实连动，感觉不可思议。

下一个是把自己放在野外的实验。夜里戴上一个黑色头盔，让朋友绑架我（笑），然后把我扔到无比辽阔的洛杉矶大沙漠里，自己不知是在何处，处于与社会完全隔绝的状态下，自己会考虑什么。我知道总会有谁来迎接我的，头顶有飞机在飞，并没有与社会完全隔绝的感觉。两个小时后，朋友担心迷失我的去向而感到不安又返了回来（笑）。

接下来的实验是戴上内侧涂成白色的球形黑色头盔，戴上它看上去就像置身于极端多用途的空间建筑里面了（笑）。就这样戴着它行走在行人很多的威尼斯德沃克沙滩，就像休息日在原宿（东京的繁华街道）那类地方。于是，"有一个奇怪的人在散步。"各种人向我靠近过来，而我处在与白色的中立空间对峙的状态，外面的声音、外面的人向我靠近的样子看上去觉得都是带色的东西。这个试验可以确认我的内心认识是通过与外部的交流而产生，这是理所当然的。

进到纸箱或充气球体里，以及戴上头盔等，尝试各种自己身体与外部境界条件的操作，感受不同的相互关系。在自身与外部关系的内心求证的立场上，与毕业设计时没有太大变化。

○　　○　　○

五十岚：这四个实验是怎样完成的？

阿部：这四个实验让我很满足，但什么也不提交是不行的。所以，与实验的同时，做了建筑设计方案。尽管1920年前后是一个充满活力的年代，但是，如何把萧条下来的洛杉矶市中心振兴起来？建造新建筑，改造旧建筑，规模相当大。在现有大厦上附加新的结构物，或悬出一个空中剧场，都给人力量和技术的感觉。

通过这四个实验我明白了这样一个问题，人类与外部的关系因交界面的情况而发生变化。所以，本想对都市做建筑方面的方案，但是存在很大的差距。虽然项目本身作为形态研究得出了些可评价的东西，但仅此而已。我想如果是今天，可以断言这四个实验就会更周全，更有演示性，就能够成为作品了。可是我当时过于刻板了（笑）。由于实际是想做些具体东西，所以这四个实验未舍得放弃。

回过头来看，东北大学的毕业设计和SCI－Arc的立场总有点类似。

五十岚：毕业设计是由都市分立观念的洞窟，但是SCI－Arc的四个实验则改变为更强调身体与环境的对应方面。

阿部：毕业设计是与外部完全隔绝的环境，SCI－Arc的四个实验是在可听到外部声音的纸箱或透明的空间里面，虽然戴着头盔，可身体还是在自然环境里，兴趣转移到了与环境的关联以及表现这种关联的方面。但在"设计来自何处"这一问题上是相同的。

五十岚：四个实验用的工具都是自己准备吗？

阿部：是啊？充气球体、头盔都是很精巧的，有SCI－Arc这种环境才得以完成。低年级同学中甚至有人把自己住的宿舍窗玻璃换成了八根不锈钢棍？我想，人们对此会怎么评价呢（笑）。

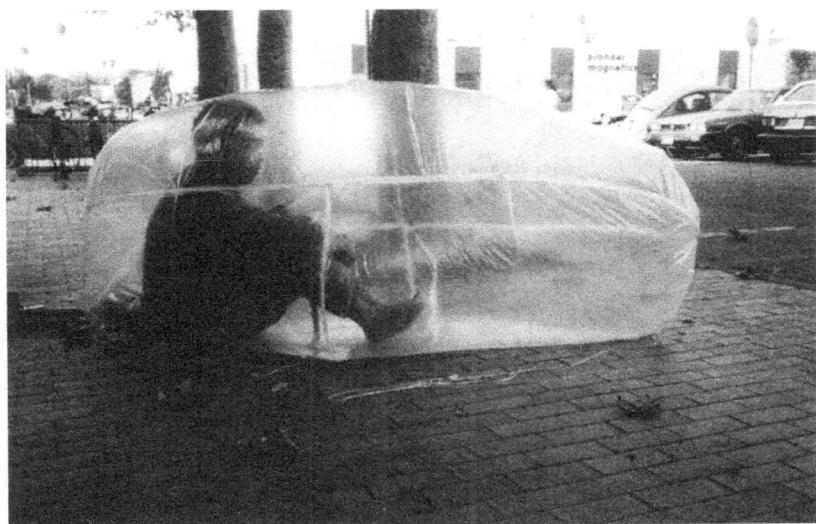

有关身体的四个试验
上：The box 下：The blob

五十岚：在日本有这样的大学，附近没有卖模型材料的商店，制图室也没有可做模型的空间，没法居住，造型切刀也没有。像这样可用于制作的起码环境条件都不具备就让学生去做模型太难了。

阿部：是的。SCI-Arc那样的制作东西的环境与日本完全不同。附近就有木材商店、金属材料商店，加工木料、塑料的机械应有尽有。还有焊接技术讲座。在那种环境中，自己动手制作东西就是理所当然的了。可以说是从大学里连造型切刀都没有的那种环境突然来到了可自由制作东西的环境。刚到SCI-Arc时，我不习惯制作模型，不过我原本就喜欢塑料模型玩具（笑），所以，不费什么事很快就做出了很大的模型。

○　　　○　　　○

五十岚：听您谈了各个方面后，觉得您也是受了当时现代标志主义时代背景的影响。

阿部：的确是有影响，也包括对它的逆反。在东北大学时，没直接接触建筑潮流。所以，柯布西耶、现代标志主义也只能是完全从头自学。当时的毕业设计是在各种影响之下所形成的。现在看来，带有斯卡尔帕、马里奥·博塔、罗西的味道。我当时认为这样一排柱子或它们产生的影子，都是相当漂亮的（笑）。

五十岚：排柱的素描等都画出来了，是由建筑的形式性展现出各种场景的设计。

阿部：是的。对于程序，建筑形式是自律展开的方向以及以某种形式主义为志向的。

五十岚：做毕业设计时向老师请教过吗？

有关身体的四个试验
上：The blackmask—Beach
下：The blackmask—Desert

阿部：没有。交稿时老师问我：这是什么呀，阿部的"阿"吗？（笑）。确实计划书上面有一个有点像"阿"的字。

五十岚：确实，谁看了都会觉得，这是个字吗（笑）。其实我也一样，不是字谜吧？我还以为是字谜游戏呢。

阿部：但这的确是普里奥·威格的规划（笑）。

五十岚：毕业设计是尝试各种造型的习作，而在SCI-Arc的项目中，给人的感觉是您已培养起了您曾在画廊"间"的展览会与空间艺术的讲座上作为主题所提出的对身体的兴趣。

阿部：从那时起，就沿着同一方向走了过来。

五十岚：那么，最后请问，给学生们讲做毕业设计时应考虑哪些问题才好呢？。

阿部：我觉得应该问的是做毕业设计时的现实感是什么。到月球上去建设宇宙基地是现实，把都市改造问题提上日程也是现实，关键不在于哪个优先，问题在于对你自身而言最现实的是什么。我想最重要的是不要忽略这个问题，大四的年末，我舍弃了街道再开发的项目，就是因为它对我来说没有现实意义。这表明，当时向内在方向前进才是我的"现实"。

五十岚：各种问题的设定都有"现实"成分，对于你来说，这个是自己最能理解的"现实"吧。

阿部：是的。对自己来说是真实的。要放弃毕业设计的瞬间，出现了普里奥·威格的规划书，所以就想从这里开始。也许显得很认真，一道道光的洒落方式以及某个空间如何形成，当深入考虑这些问题时，感到自己正迫近真实。所以从那以后，为什么要做这个之类的问题，就从未让我烦恼过。

当然，制定具体方案时还是有各种各样的烦恼，有些直到最后也决定不了。有时，梦中还出现过"这样该可以了吧？"的闪念，甚至还可以在梦中解决问题呢。但是，此后再也没有这样的闪念了。

乾 久美子

研究生院的最终课题

采访者：仓方俊辅

dwelling　　1996 年

毕业设计

Museum　　1992 年

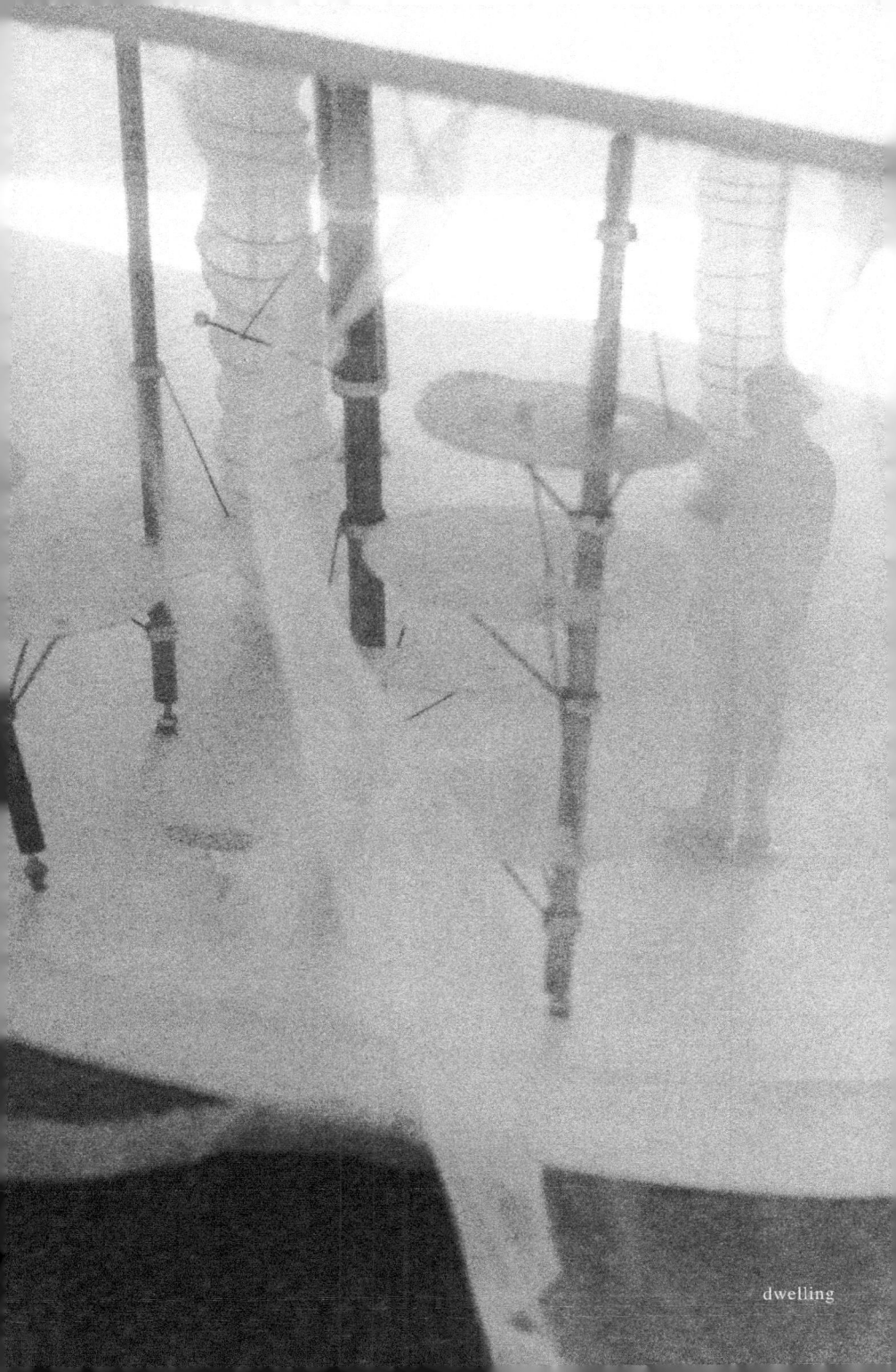

dwelling

仓方：这是在耶鲁大学研究生院最后交的课题吗？

乾：是的。耶鲁大学没有硕士论文，也没有毕业设计，把每年在美工室里制作的作业上交以后，就由它来决定你的学业能不能及格。总之，这是学生时代最后一次制作作品。

我在美工室的最后一个主题是"dwelling（住宅）"，课题是"单人住房"。建筑用地可以自行设定，本该是个很自由的课题。但是，要求做出包括建法在内的所有方案。从概念的创意、制作工序，到最终的整体形象，全部都要自己考虑，这是课题的主旨。老师是托马斯·H·皮比。

我为自己设定了"赤裸裸地生活的小家"这样一个题目。我想设计成与帐篷没有什么区别的原始形态的住宅，所有功能都要从起点上重新考虑。内外墙全部拿掉，用双层窗帘隔开，让地板表面形成柔和的起伏，并使浴盆、便盆固定在此。当时，有段时间我曾认为，就凭这起伏的地板，能实现的功能就已经不少了。地板面像连绵起伏的白色山岭，凹处可存一汪水，凸处又成一座山。炸薯片一样的屋顶由抗拉材料和抗压材料组合而成的立柱承托起来，像是漂浮在上面。

至于施工，我想尽量手工制作，不用工业产品。连接件也尽量使其女性化，比如，钉钉子的时候会给人痛的感觉，而利用榫卯方式就让人轻松得多。要尽量排除强制性结合的结构，"赤裸裸地生活的小家"里用强制性结合的连接方式去构筑会真的很痛苦，所以我想排除机械式的组合。

仓方：地板和屋顶之间能看到的都是立柱吗？

乾：立柱分为三种类型，粗一些的基本用压缩材料，细的是拉力材料并组成棚架结构。第三种是六角灯笼形的柱子，用于照明。我彻

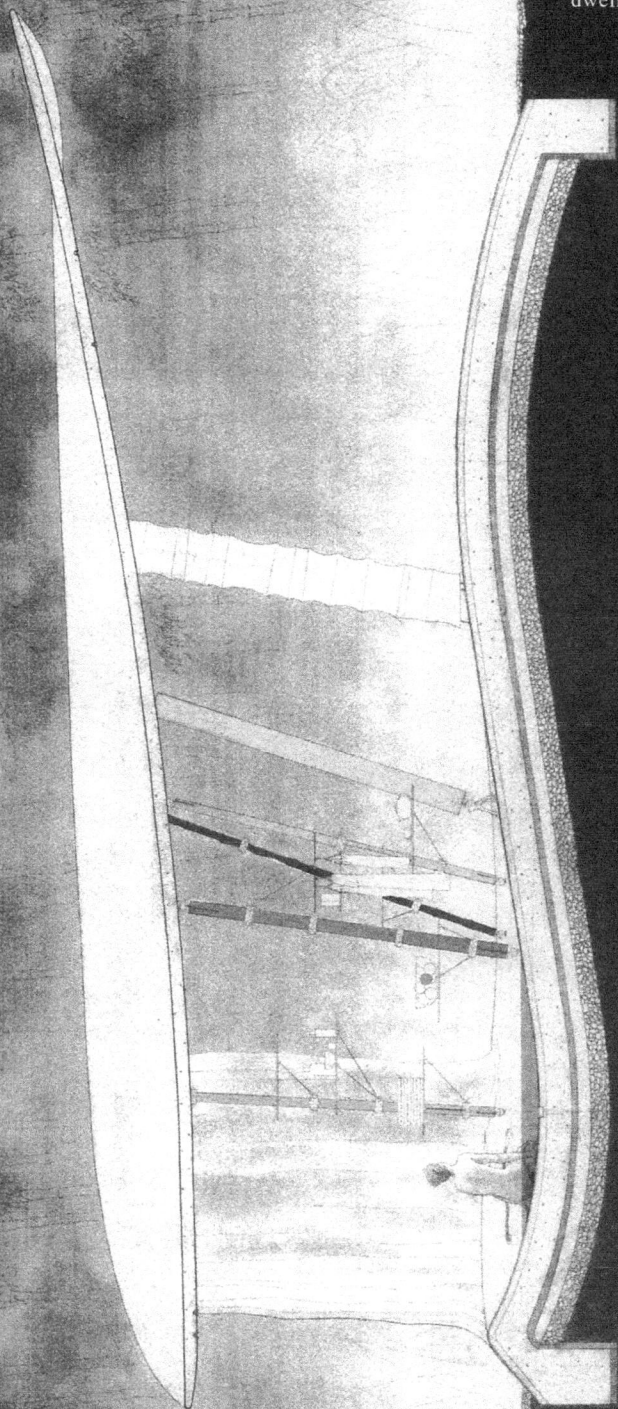

底思索了采用非机械的细部结构方法，譬如用土包垒成圆顶空间，必须形态简朴。我不想做成这种程度，我想既形态轻盈又能给人原始感觉的状态应该是什么样。譬如，就像以竹节承重形成简单的曲别针那样的连接，窗帘轨道使用橡胶软管加工成沟槽、在窗帘的下摆拴上重物等。

关于施工，先是堆积沙子，预制水泥屋顶，然后用千斤顶把它顶起来，再重新堆土打造墙体。虽说设置在气候宜人的地方，但还是要考虑地板取暖设施，因为想尽可能开着窗帘生活，所以决定采用日辐射来采暖。为了对此作出说明，还把锅炉的热水流经地板下面的供热管系统图也画了出来。

仓方：连细节都提出方案来，可够具体的。

乾：是啊。在这一课题上，我看有很多人都不知道该怎么做才合适。

仓方：与其说是从整体概念落实到细部，不如说是细部的存在方式与整体概念联系起来的印象。讲评时的反映怎么样？

乾：那是最后到美工室的事了。记忆中当时请来 10 位客座老师，他们都很接受它，但一眼就看出来，在结构上不成立（笑）。然后又强调指出真正要自然纯朴就不可用机械。尽管可以选择任何工业产品都不用的方式，可为什么又用上了呢？我记得我很紧张，对这些提问，无法自圆其说。

仓方：确实。扎根大地的工法与轻盈的工业制品共存这是有些不可思议。那么，你为什么要追求纯朴自然的方式呢？

乾：这是考虑这一问题的最后机会。大学一毕业就会被拉回到现实世界，最后想以完成我的幻想来告终。作为构筑幻想的一个方向，我选择了自然主义。

仓方：或许真是你的幻想。没有不协调的感觉，形成了一个整体的

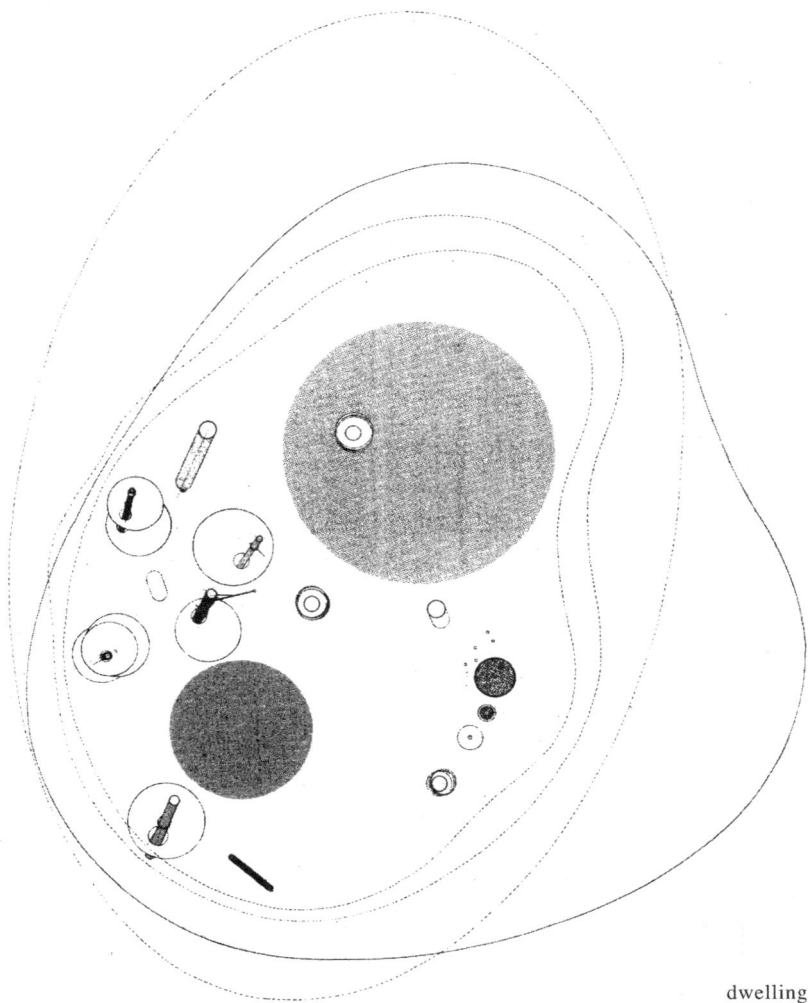

dwelling

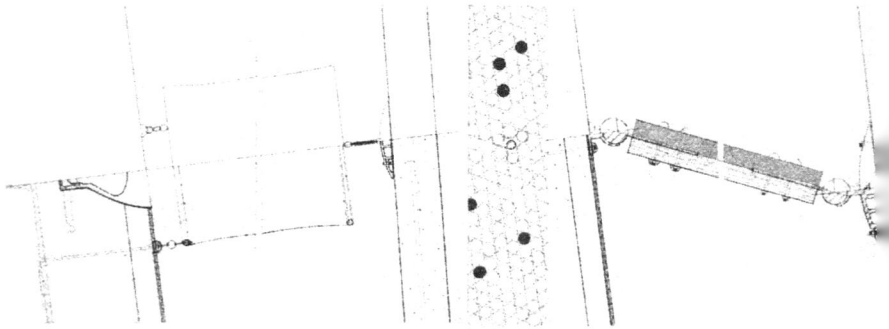

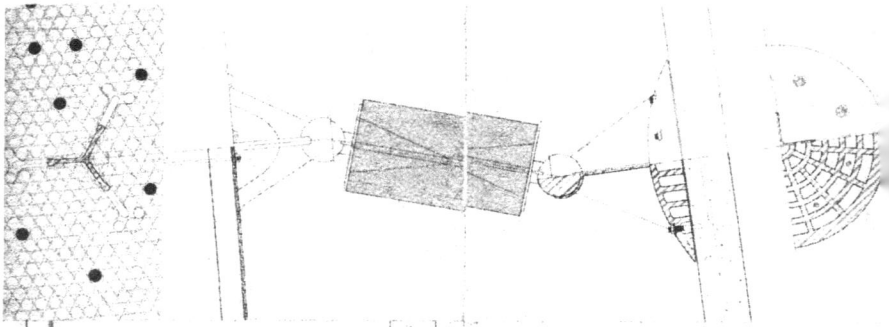

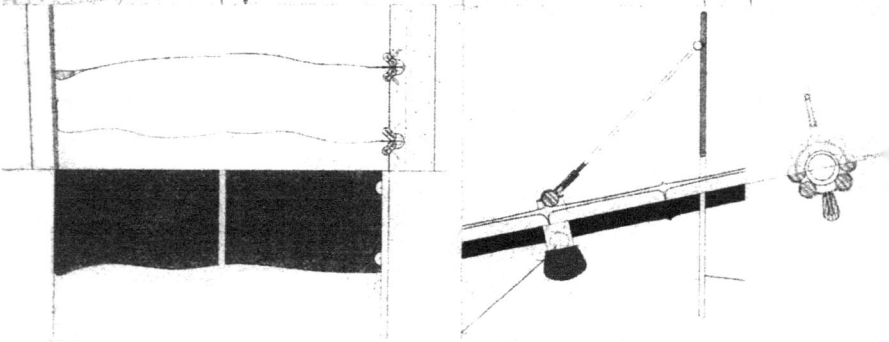

dwelling

世界，扎根大地的、脱离大地的；原始的、现代的，这些凭头脑去捕的零散东西，却形成了一个整体……裸体剪影完美地融入其中。

○　　　○　　　○

仓方：使地板起伏而赋予其功能的方法此前尝试过吗？

乾：不，是头一次。那是 1996 年的事，当时学生们都受 1992 年巴黎大学图书馆比赛项目中的雷姆·库哈斯作品的影响，我也是其中的一人。

仓方：包括以前的课题，您在做课题时会先做一个构想吗？比如这次用不用某种手法之类的。

乾：我在确信按照这个形状能百分之百出效果之前，是不会提出这个方案的。这个形态有没有效果，在建筑上这可是核心问题啊，在这层意义上，参照物属哪个时代并不重要，但必须找到符合该项目的形态。所以，我的风格有些纷乱。

比如，把路易斯·I·康那种较鲜明的形状一下子放过来，接着就会有某功能被唤起，大家一直都有这种感觉，坚信造型所具有的能力。在这个课题上也同样，什么形态有什么样的意义，能唤起什么样的功能？要逐一给予考虑。

仓方：耶鲁大学给你留下什么印象？

乾：没想过，日本和美国没有什么两样。1992 年前后，是建筑设计这个领域发生骤然变化的时期，《EL croquis》刊出了雷姆·库哈斯的特辑，理解它之后顿时设计语言倍增。这刚巧与我在耶鲁大学的时代重合，大概世界上哪个国家都有把这同一本杂志翻得破破烂烂的情况，这意味着社会已进入了没有地区差别的时代。

dwelling

仓方：有影响的话，表现在哪方面呢？比如，你若没看过雷姆·库哈斯就不会想到的事情……

乾：比如这部分地面没有突出来，还有起空间分隔作用的帘布也是受了很大的影响啊（笑）。在耶鲁最后搞的这个住宅，曾声言要纯朴自然，结果还是用了工业制品，所谓的想让各种零件大杂烩，看来也不过是当时情绪化。存在一些混杂现象，但又强调纯朴自然，这就成了难以理解的设计了。

比如，建筑用部件是有其历史的涵义的，某种材料自身就含有某种信息，在这些东西里已形成了规则性，但我不按照这些规则性去使用，不管不顾地尝试将它们组合起来看，并追求这样的趣味。我当时就是在想雷姆·库哈斯正是这样做的，所以，才设定"私人空间的生活"这一命题，做我自己风格的大杂烩。

仓方：仔细掌握材料所表现的信息，通过对它们变换来造型的这种方式，可以从乾先生现在所从事的工作中感觉到，比如：DIOR GINZA（银座）（2004 年）、新八代站前纪念碑（2004 年）等作品。而且这种方式从您的毕业设计中就已经开始体现了，比如从这个连接体来看，其自身改变了建筑整体的含义，细节中有整体，整体中也有细节这当中颇有韵味。

乾：通过这些工作的积累，感悟到了建筑是怎样一回事。发现这样做也可以追求美学的视点。多数学生在体量的构成上非常用心，而我认为不在这一层面上同样能有好的建筑造型出现。

重要的是，要搞清楚"对整体、局部必须抱着同样的重视去建造才会有好的效果"的道理。还有把所有的都立体化是不是也很美呢？只要考虑这些就足够了。

仓方：虽然合到一起但还是有分节，并不是全部形成一体化，这就是您乾先生的风格吧。

乾：是的。应该不是过分地融合。

○　　○　　○

仓方：艺大的毕业设计是个大的项目吧。

乾：毕业设计在宝塚市选了一块建筑用地，宝塚市原来是个温泉街，因温泉干涸，后来就成了住宅街。怎样才能避免它单调地变成住宅街呢？为此提出了这个方案。想利用当时很新颖的艺术家公寓的结构设计一个美术馆，可是如果只建一座美术馆，住在那里的人们的生活与美术馆就不协调了，所以就在街道各处分散添加上一些艺术家工作室之类的功能设施。

不过，说实话，这些都是表面的东西（笑），实际上怎样从造型上处理表里关系，这才是我想做的。一些功能完全相反的东西必须放入众多同类物时，会引出各种矛盾。我开始关注怎样化解这些矛盾，既如何又能让各方都圆满，又能形成趣味性呢？为此才做了这一项目。

仓方：所谓表与里具体是指什么？

乾：比如，有这样一种在美工室屋顶添加露天剧场的建筑物，剧场真的就是在屋顶上面，总之，美工室是"表"，那么露天剧场仅仅是屋顶，所谓屋顶的上面对于美工室里的人来说，不过是其"里"的内容。相反，如果以屋顶的露天剧场为"表"，那么美工室就是"里"了。相互间有也好，没有也罢，都不会留意，也就是说相互关联又互不干扰，这种设计怎么来完成呢？

仓方：干嘛热衷于这个问题呢？

乾：当时，比如有一个大楼合并的课题交给我，只有简单打掉墙壁让它开放的这个方法。但是，从物理学角度来看相互脱离了，但实际上还并未离开，这种同时具有双重矛盾的存在方式该怎么办？这种情况让人头痛。

仓方：是不是不让空间彻底自由化，让其相互有关联性？

乾：是的。就想建立这种关联性。比如，称作"ＭＶＲＤＶ（1991年成立的荷兰建筑师组织）"的"双重房屋（1997年）"是带有两个剖面的公共住宅，可以将其理解为表与里的关系。不知道它们相互间哪是图、哪是底的关系性，设计上要表现得能看到其剖面。因为当时还没有这种设计词汇，因此，在尽全力使用微妙的造型的同时，又不停地琢磨怎样才算表里。其实从一开始就说想做表里这个课题也无所谓，但为什么没能那么说呢？我想可能就是因为自己还没搞清楚这些事情。

仓方：那表里这个主题没有写在毕业设计图纸的注释上吗？

乾：没有，因为还根本不理解呢（笑）。当时融合一切的设计很多。譬如，伊东丰雄的餐馆·诺玛德（1986年）等，全都不分表里，给人轻飘飘、灰蒙蒙的感觉。而我认为，不应那样全部都融合掉，建筑就应该分出表里。我想确认这一点。

仓方：如果按时间顺序排列一下的话，我觉得可以看出您一贯专注于"给出答案的形式"上。在艺大的毕业设计中，您不只是联系空间，而是依据形状构筑关联性。耶鲁研究生院的课题试验是带有各种形状的效果，最终课题是要在看似矛盾的东西上以形状作出回答。但是，它们也有不同之处，毕业设计是一个建筑物中有两个程序在碰撞，在解决这一矛盾的过程中完成这一设计。而耶鲁的最终作品不做这些，他们要求的是纯朴、自然。

■Seperately arranged studios

Studios , which are same rectangular spaces, are used for artists art activity.
They are separately arranged in various town locations.

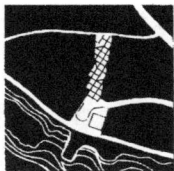

Studio
+
Playground

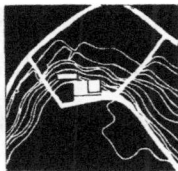

Studio
+
Club house

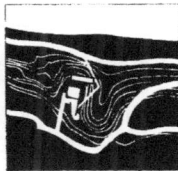

Studio
+
Cafe

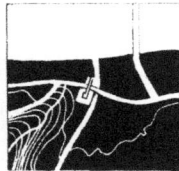

Studio
+
Open air theater

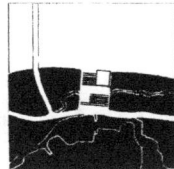

Studio
+
Stair down to
riverside

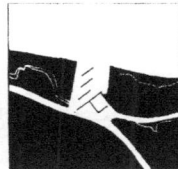

Studio
+
Shops

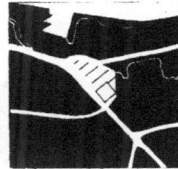

Studio
+
Restaurant

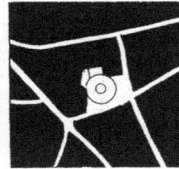

Studio
+
Supermarket

□ Closed hot spring resort hotels

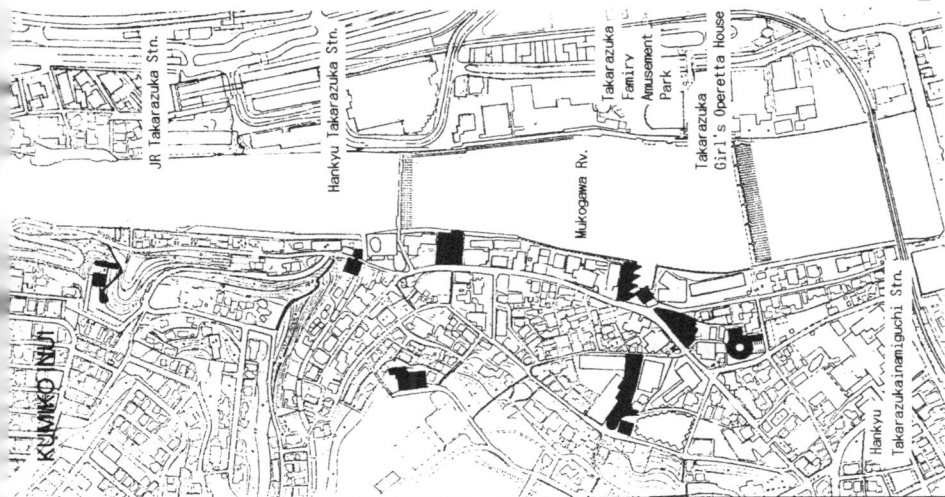

KUMIKO INUI

JR Takarazuka Stn.

Hankyu Takarazuka Stn.

Mukogawa Rv.

Takarazuka Family Amusement Park

Takarazuka Girl's Operetta House

Hankyu Takarazukainamiguchi Stn.

museum

乾：是的，我当时已经明白想要很好的解决表里关系，就必须鲜明地把它们区分开。但这么做就仅仅成了一种技巧的展示了。我想，因为这是学生最后的作品，如果设定一些我从未想过的事情，边干边研究一定会很惬意。所以我记得这些都是在非常迷蒙的状态中完成的，也正是因此，我感觉当时的时光过的非常充实。

仓方：在耶鲁全部都是一个人干的吗？

乾：就一个人。美国没有助手制度。

仓方：艺大呢？

乾：有好多人帮忙啊，因为有个同学决定不做毕业设计了，我就请他帮我去做帮工头，都是他去替我给助手们布置工作，我只顾守住画图板就行了。

○　　　○　　　○

仓方：近来，在您进入实际设计后，有没有一些让您难舍难分的事情啊？

乾：目前，我关于建筑物外立面的工作较多，而外立面在建筑物中的意义我还不甚了解，不管怎样客户要的是漂亮的一揽子设计，而我们却希望在不同的方面得到满足。

仓方：呵，真有建筑师味啊。当然，这话可不是在损您（笑）。这是朴实的设计师难能可贵的一面啊。

乾：可能是这样吧。这外立面的社会性该怎么去理解呢？我一直在想这个问题。目前我们常常是为了将建筑隐蔽于街道中去设计外立面的，但至少现在的我，还不能接受"不要让建筑凸显出来"这一个观点。只有当发现将建筑隐蔽于街道中确实有用时，我才会用它

museum

做一些建筑性外立面设计。否则，我们就失去这么做的意义了。

仓方：看过学生的毕业设计吗？

乾：不时应邀出席讲评会，前年曾参加"日本第一"决赛的讲评。

仓方：感受如何？

乾：不管怎么说，还是那些弄不懂的东西有趣。

全部作品有 100 多件，必须都看。漂亮的设计有很多。可是我并不太爱看那样的作品，他们想说什么，马上就明白了。看不懂的东西反而招我上心（笑），表现出的形状与写上去的语句脱离常套，往往会吸引住我。

第一名是新宿黄金街的再生，森山大道先生的照片上的氛围与妹岛和世先生的小型房屋（2000 年）混在一起，相当的匹配，虽然谈不上最新颖。但还是带有些不可思议的魅力。这种情况看着也让人高兴。

仓方：毕业设计的重点在何处？

乾：我觉得即便会有破绽，也要做自己想做的事最为重要。毕业设计首先是建立一个假设，再由自己去解答，这一解答又是自己从来没有考虑过的，所以那是一段很美好的体验。"呵，原来是这样。"有了新的发现。这些过程结束后再经过几年，就都会成为很好的回忆。这样的事情即使只找到一件，不也是一种正确答案吗？

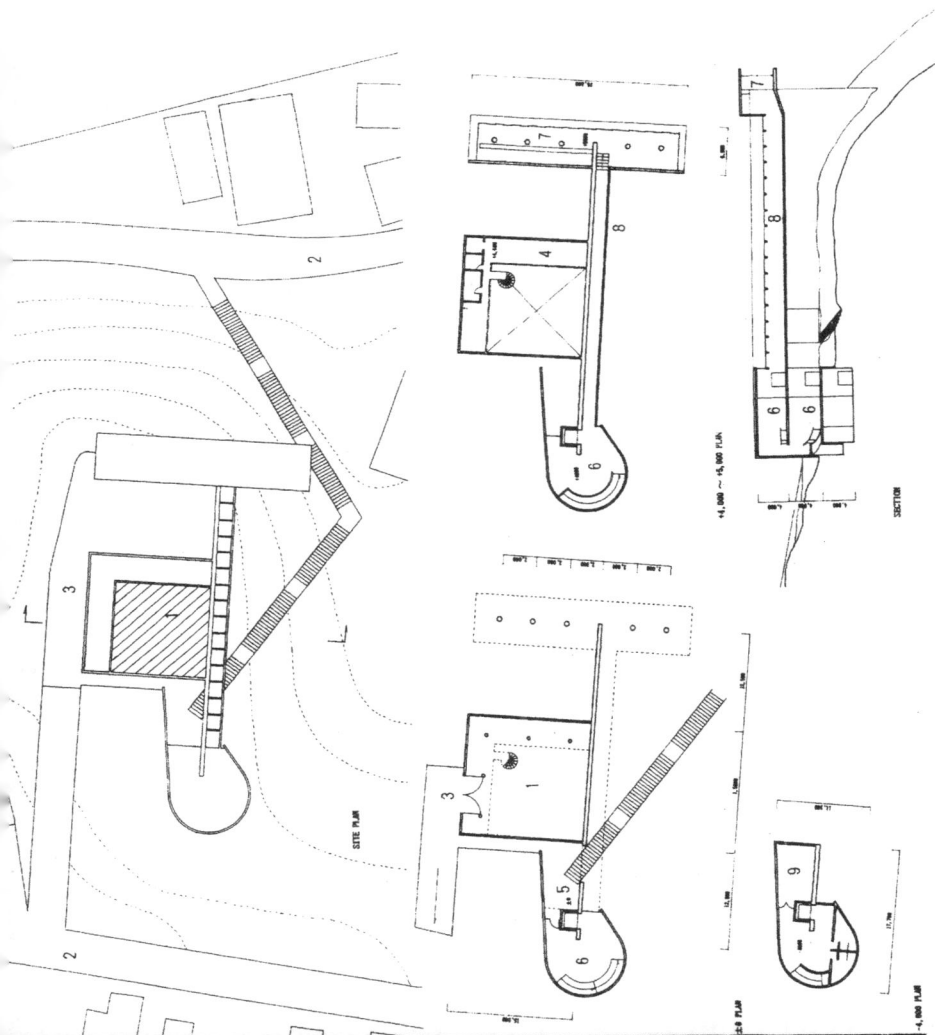

Studio

+

Cafe

. Cafe with a fine
view of the river.

1 Studio
2 Art network
3 Studio entrance
4 Dwelling space
5 Cafe entrance
6 Hall
7 Cafe
8 Corridor
9 Kitchen

museum

SITE PLAN

SECTION

+4,000 ~ +5,000 PLAN

毕业设计

采访者：矶达雄

DOJUNKAI AOYAMA APARTMENT REDEVELOPMENT PROJECT
（同润会青山公寓的改建项目）   1986 年

DOJUNKAI AOYAMA APARTMENT REDEVELOPMENT PROJECT

2108

MISATO

矶：好精美的图面啊！

佐藤：其实这还没有完成呢。日本大学的学生较多，或许因为毕业论文、毕业设计都要交的原因，毕业设计的交稿就分成了两个阶段，第一次交稿时如果没拿到获评资格分，下一次就不用交了。我基本不去学校，由着自己喜好爱做什么就做点什么，未经中间核对就交了这个图，我当然打算把它完成的，所以想在后一阶段时把体裁整理一下，可是在第一阶段就落选了（笑）。

矶：第一阶段落选的就是这个吗？

佐藤：是的，日本大学当时有学生300人，只有排在前面的20%能进入最后阶段。

矶：虽说已落选，但水平还是相当高啊。

佐藤：不，这怎么可能（笑）。不清楚他们如何判断，但是，主管老师肯定是认为"这家伙根本不懂建筑"！

矶：这是青山同润会公寓的改建项目，是怎么选的这个场所？

佐藤：只单纯地认为这里很适合作毕业设计的用地，没有特别的思想以及对社会问题的意识，作为整体的要素之一，将原有的建筑物保留了一部分，但不是很积极的题目，现在，讲评学生的毕业设计的时候，都要求严格考虑项目、社会性，而轮到自己时根本不那么想（笑）。

　　基本上是店铺等商业设施和带有旅店部分的居住设施的集合体。有两个方案，这是最初考虑的平面图（见73页），怎么样，不知能不能这样说（笑）。上面是住宅层，中间是活动空间，底层扩充为商场，将它们表现成一个共同体画成了图纸。把各种功能、空间状态重叠起来用一张图表现出来。过多的各种功能、形态同处一体的状态，就是这样一种考虑。可是，感觉按这一方向考虑多样性

总是受阻，于是又开始下一个方案。也就是那一张图（见76页），我的意图是，看着是一张平面图，同时，全体形成在某一部分的平面图上，这样一种表现方式。1：200和1：50的两张图纸重叠在一起描下来的。

反正不管怎么说，空间的状态及其表现方法是我的兴趣中心，立面和形态我并不太关心。

矶：网格上的立柱是以记号形式标注的吧。

佐藤：那是用"印立得"（即时文字图案），把电气配线符号、树叶一样的装饰图案组合形成的。第一稿是手绘的，第二稿几乎都是用"印立得"画的图。不是随意画出的图形。虽然很均匀，但怕有浓淡不一的状态，所以能不能用这张图把它表现出来呢？我想当时是否这样意识的（笑）。

当时还没有CG和CAD，透视图也都是手画的，而画好以后还要用传真复印下来，使其显得有点数字化（见70页）。那时的传真清晰度很差，线条都成锯齿形了。我借用了打工所在的伊东丰雄先生事务所的传真，雇员们都用白眼看我（笑）。

矶：通过控制传真噪点完成的。现在看来，是处在CG和手绘之间的感觉，有所创新啊。

佐藤：还做了相当大的模型，但没能留下来。给它染上了金色，非常漂亮。可放到我父亲家里不知什么时候被清除，形迹全无了（笑）。

矶：这些行道树（第一稿，见65页）是用来表现月亮圆缺的吗？

佐藤：是的。表参道的山毛榉行道树以及车流状态都随着时间的流逝给予表现，画平面图要把时间和状态一块表现出来才行啊。

矶：时间轴也加上了，是受当时贝尔纳·屈米（Bernard Tschumi）、丹尼尔·里勃斯金（Daniel Libeskind）的制图影响吗？

佐藤：或许有些影响。在曼哈顿·多兰斯克里夫托（Manhattan Transcripts 1981年）刚出道时、当时也正好举行拉维莱特公园（Parc de la Villette）设计比赛，在那时就受伯纳德·屈米（Bernard Tschumi）、OMA的影响了，第一次买的海外杂志就是OMA的特辑。

矶：图纸采用黑白翻转这个窍门，是怎么想到的？

佐藤：高年级一个同学的夜景透视图，着色的图纸再用空气刷吹过，使之翻转过来。那给我留下了印像，于是，我在透明纸上修补着色，之后拿到樱工业冲洗部用高密度像纸翻转下来的。至今仍未褪色，看这样，很漂亮吧。

从大四前期的短期课题开始，就喜欢使用这种表现方法了，在"屋顶"的表现上，天空中不是屋顶，而是信息交换类的状态覆盖在上空，将其作为"屋顶"来表现（见72页）。我很喜欢加速器里面电子碰撞时出现的轨迹，就将这图形作为背景，再画上带有构成主义味道的天线。在"阶梯"的表现上，用网格状的立柱拔地而起，与画面上的图形等重叠，再从正面画上轴测图（见74页）。

矶：看来你画的图漂亮非凡。在学生当中应该是出类拔萃的吧？

佐藤：那倒未必。没作任何说明就交上去了，制图成绩不是很好。至于其他同学图纸画得怎么样我没有兴趣去关心，很少到学校去，根本不引人注意（笑）。

矶：据我所见，在毕业设计这个范围里这已经算是杰作了。当时不被理解，懊悔吗？

佐藤：懊悔是肯定的，可也没有办法（笑）。也从未想争辩过。

〇　　〇　　〇

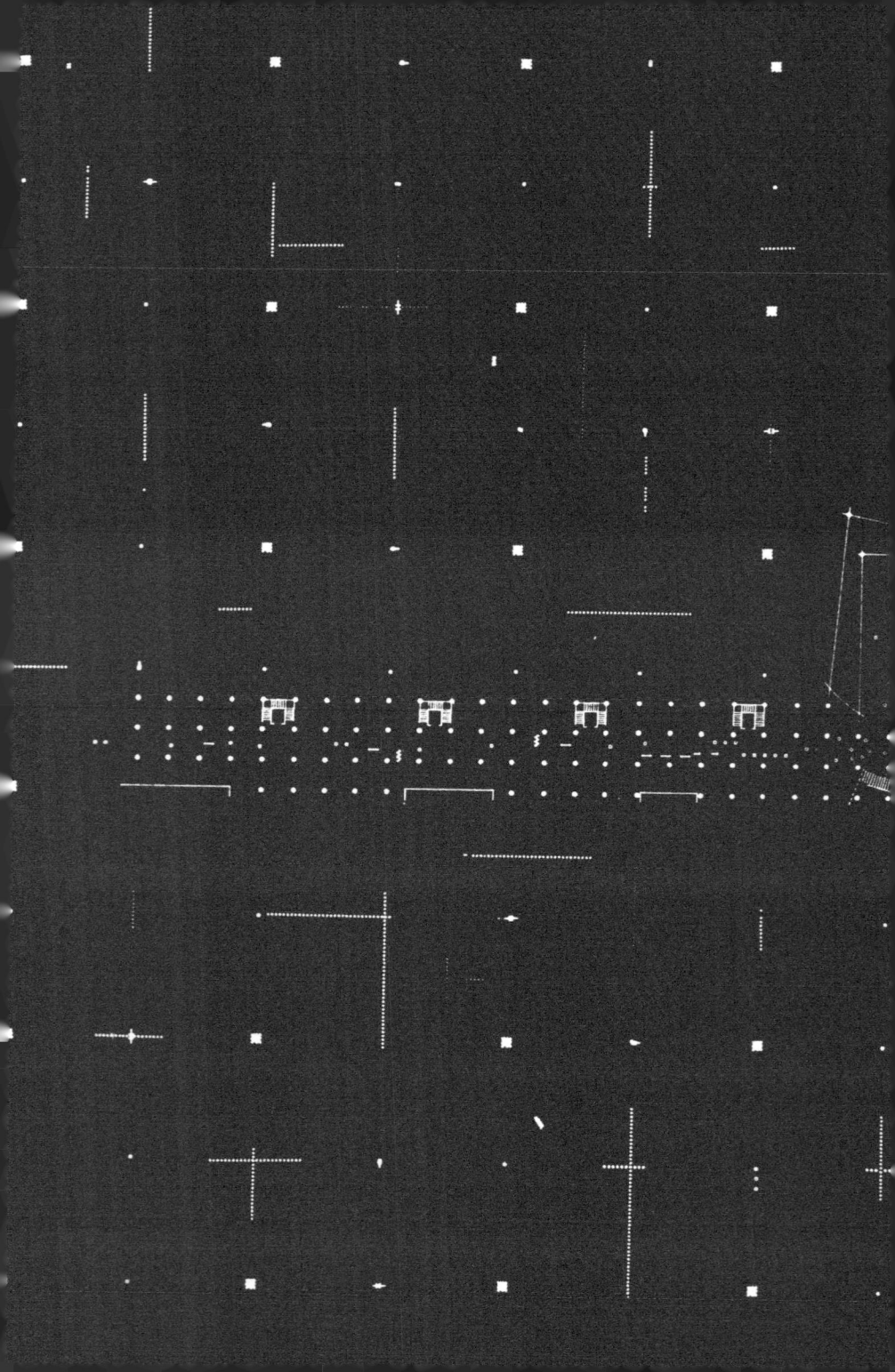

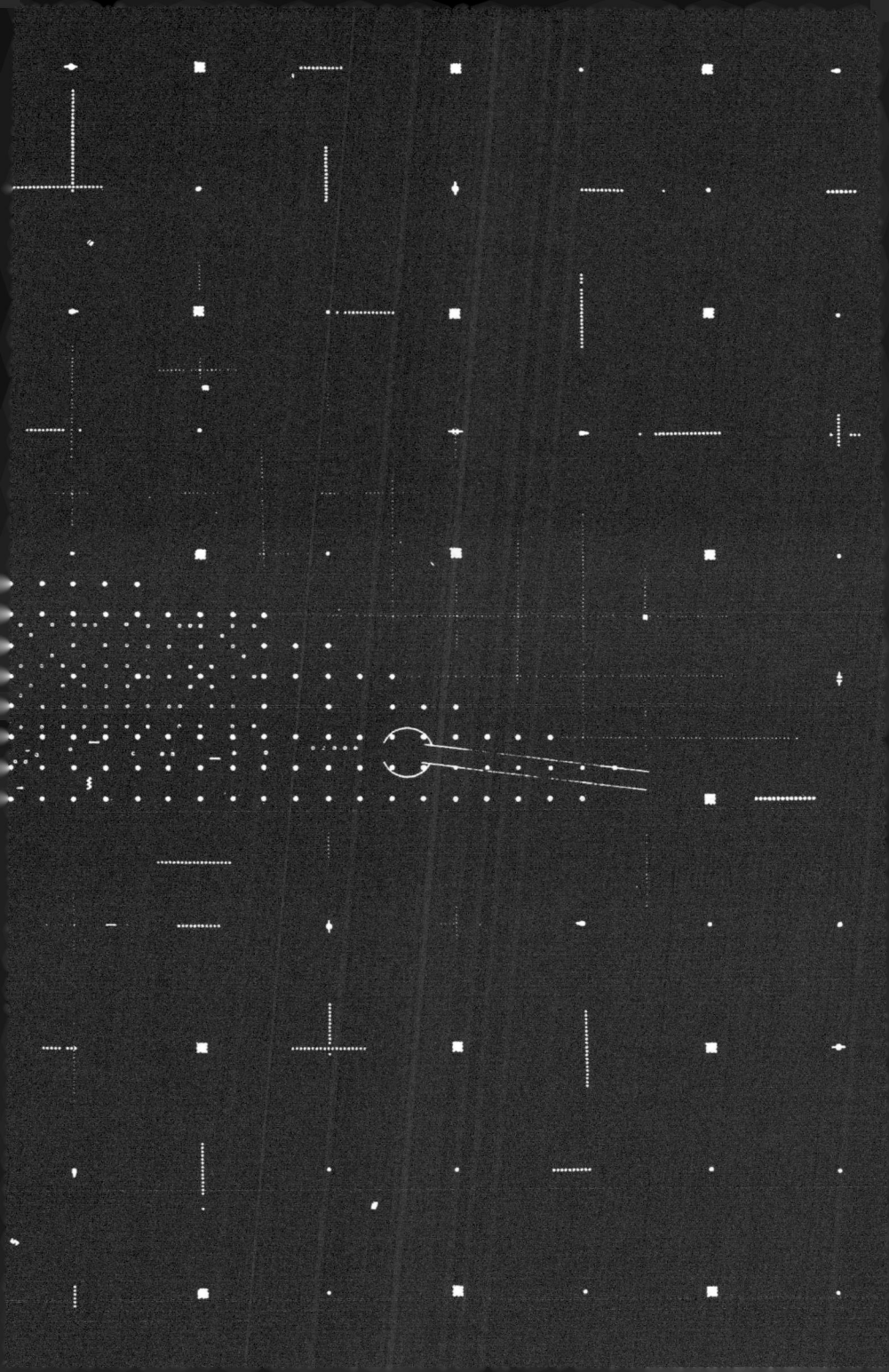

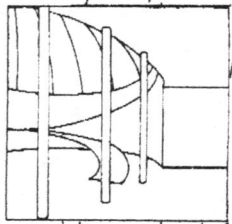

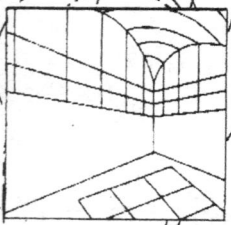
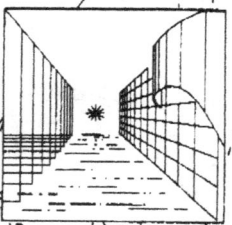
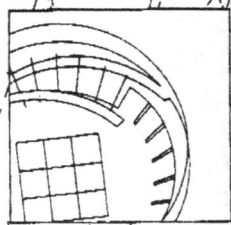
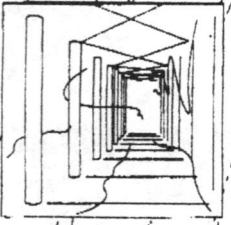
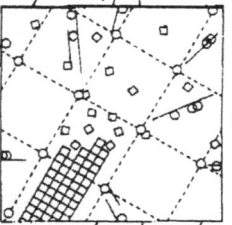
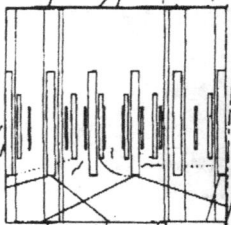
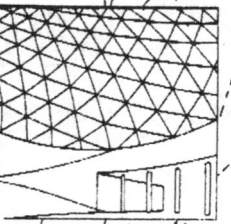
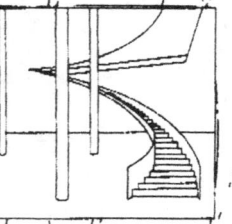
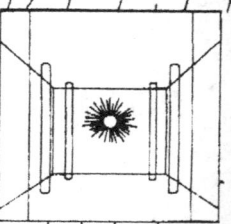

矶：你说过自己很少到学校去，那么你都在做些什么？

佐藤：大二时，到东京大学生产技术研究所的原广司研究室去玩，就是小岛一浩等人去研究生院做空棘鱼课题那个时候。当时，在丙烯板上刻痕制做物体之类。

矶：是说影子机器人吧（1984 年）。

佐藤：是的，是在格拉茨展览会的时候。为参展，各大学来了些帮手加工丙烯板，我也在那住了几个月给他们帮忙，一边哧、哧地削丙烯板一边感叹，"搞建筑还有这么个世界呀。"心里颇受冲击。看了"原先生的自宅（1974 年）"，才首次强烈意识到"空间"的含义。

　　大四那年秋天，想去伊东丰雄先生那里，请他看了当时的课题。

矶：他的反映怎么样？

佐藤：因为很紧张，已记不清了（笑）。我全力地做说明，他只是说图本身很有意思。因此就开始在那里打工了。于是，他立刻告诉我考虑一下招贴画的设计。我吃了一惊，但做得很愉快，当时不知道什么是害怕。

矶：是怎么想的到伊东先生那里去呢？

佐藤：我就想尽快做点实际工作，去研究生院等根本想都没想，最崇拜的建筑师毕竟还是伊东先生。

　　《都市住宅》里面介绍了斗笠之家（1981 年）画稿的创作过程，从传统的初步方案开始，逐渐出现变化，进一步又全然不同地碰到了另一个方案上，最后，瞬间敲定实施稿，完成了收尾。这样一个过程让我觉得十分有趣。而且恰好"银盖"（1984 年）刚完成，也正值伊东先生的建筑风格发生了剧烈变化的时候。

矶：虽说想去伊东先生的事务所，可也不是谁想去就能去的吧。

佐藤：当时全部员工只有 8 人，他那里每年大约只进一个人，这里

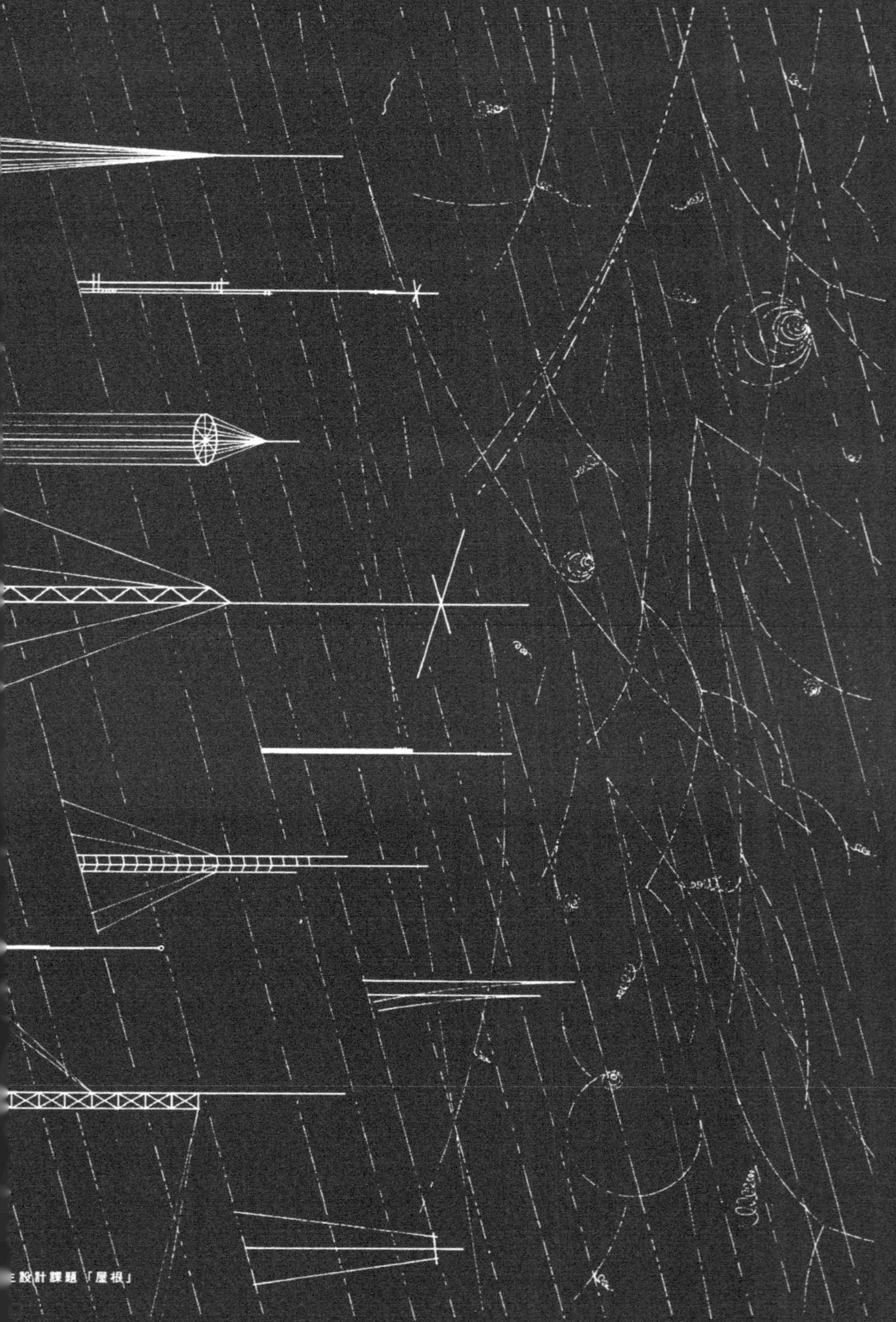

…生設計課題「屋根」

很开心。在伊东先生那里帮他做湘南台文化中心的比赛方案（1986年），也去原先生研究室玩，那时候就不怎么去学校了。毕业时的分数勉勉强强，直冒冷汗（笑）。

矶：比学校更能学到有趣的建筑专业知识的地方，是吧。

佐藤：也许吧。在伊东事务所最初负责的项目是"横滨的风塔"（1986年），不是建筑物，而是一座发光的纪念构造物，我画的全是些不像建筑图的画面，这工作正适合我干。

做毕业设计时，比起建筑整体的形状，我对空间状态或现象更为关心。重新看毕业设计的图纸时这样考虑。只把立柱均匀地排列起来的状态也觉得有什么不同的东西出现了，看起来是有了这样倾向。使用"印立得"作为装饰立柱的符号，或许是受了原先生的影响。

矶：看得出来，你在表现力方面有很强的悟性。所谓使用"印立得"，我认为那是极其受批判的行为，后来毕业设计没有再继续进展下去吗？

佐藤：没有。大学毕业，到伊东事务所供职以后，发现若按建筑上的实际业务水平要求自己的话，该学习的地方太多了，所以毕业设计的事都忘到脑后去了。

不过，回想起来，现在我身边的武藏境新公共设施比赛方案（2004年）等也与当时毕业设计的想法有关联。我想去开创迄今所没有的公共性，将各种活动共存并有机地相互结合的状态作为建筑方案提出来。在西所泽住宅（2001年）中，我在同一个方向上导入了不同的尺度，比起立面上表现出来的设计，我对某种状态、样态等更为关心，也许现在仍在继续着。

○　　○　　○

4 年级设计课题 "楼梯"

矶：看到最近学生的毕业设计有什么感想？

佐藤：与我的毕业设计相比，概念更明确，带有社会性和问题意识。画图也有功底，不能过分说他们很卓越（笑）。但是不知道他们带有多大的认真程度来画图。概念也罢、画图也罢，感觉只是形式上齐备了……使用的都是同样的工具，只能画出相互差不多的东西，从这个意义上来讲多属平庸之作。

可是，今年名古屋举办的毕业设计大展上，一个专科学校的女生获头等奖。作品很有意思，好像是一部空间装置的创意大全，都是手工画的做得像扑克牌似的作品。也许可以说已经不算建筑设计了，但感到很真实。

如今，鼠标一拖就可以很简单地画出一个四边形，所以很多人不懂画线同样也在出图。我的毕业设计图纸是排除了手工画图表现的，但是那是在清楚明白手工画的意义之后，试图表现用手工画图难以表现的那些东西。理所当然，线条有着各自不同的含义，但是，看着学生的作品，说句欠水平的话，他们画得基本上都分不清哪是地面的线，哪是建筑的线，如果有意识地这样画则另当别论，可并不是这样。现在，自己画的线是什么，想用来表现什么，我希望他们对这些有所认识。

他们都很认真，到底是今天的学生啊。设计专业课他们都去听课，可是他们不画图吗（笑），这有些闹不明白，如果不画图那么不来也行。最近，很多年轻建筑师来大学作为不坐班的讲师，坐到课堂里是可以学到很多东西的。

矶：反过来如果大学没什么意思，学生就要到别处去找些有趣的东西了（笑）。

佐藤：也许吧（笑）。可如今翻开《CASA BRUTUS》，里面载有

比专业杂志更详实的最新信息，通过互联网自己原地不动就可以得到各种信息。这些是不是好事呢……令人震惊的大量信息是偏的，只知道流行的，而根本不了解稍微旧一点的建筑。

　　毕竟还是自觉动手这才是最重要的。我想大家都一样是有知识有技术的，所以仅仅反映这些东西的毕业设计，还是无法吸引人。你完成的东西没有完整的形状都无所谓，想看到的是较强的意识的表现力。

塚本由晴

毕业设计

采访者：五十岚太郎

FLOATING CITY　　1987 年

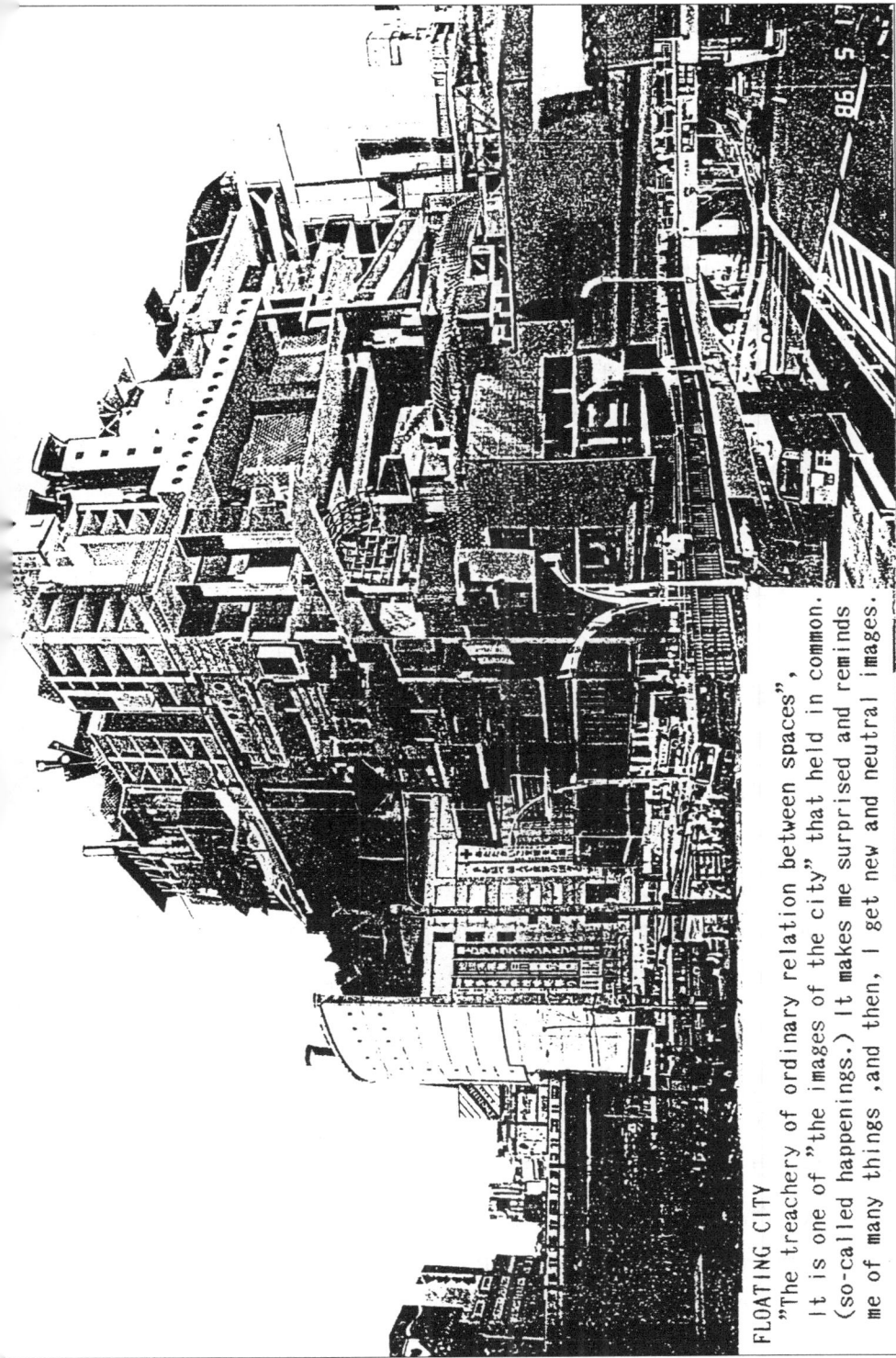

FLOATING CITY

"The treachery of ordinary relation between spaces",
It is one of "the images of the city" that held in common.
(so-called happenings.) It makes me surprised and reminds
me of many things ,and then, I get new and neutral images.

五十岚：看了建筑模型和涩谷站照片的拼图，就想到了是塚本先生的毕业设计。是怎么选择涩谷的？

塚本：因为当时我很喜欢涩谷，银座地铁线穿插进东急东横店里很有意思，街道上如果能多一些这类状态才好。

五十岚：我还没有完全理解它的整体形象。给人的感觉是到处都在发生某种奇异规划的冲突，是"东京制造"这一系列的总集结，占领着涩谷站的上部。然后，与塚本先生做的那部分衔接起来。

塚本：是在衔接着。

实际上这是涩谷站的改造工程。在现有结构上方 100 米高度以内，逐渐添加构筑物，营造像九龙城那样错综复杂的空间。设计放入酒店、网球俱乐部、迪厅、咖啡馆、美术馆、公共住宅等各种设施，其实项目没什么意义。感觉就像字面上所说的"屋上屋"的重叠，这种重复增殖倒是给人以实在感。在低层部分，立柱也都按规矩竖立，但是，途中逐渐摆脱制约变得自由起来，只要在 100 米立方体内就可以。给人这样一种感觉。

五十岚：看着它让我也想到了九龙城，觉得是在进一步从里面增殖空间，做这一决定之前有没有犹豫过？

塚本：中期发表时，在涩谷站的四周立上柱子，50 米高处设有高台，再往上 50 米是增设建筑物的空间。是带有原广司先生的大和国际（1986 年）那种氛围的圆丘造型。可是，这样一来就变成了上下分开的都市了，所以又变换了方向，期待着能表现都市活力之类的东西。

五十岚：就像"FLOATING CITY"这个标题那样，下面是现有的，从某个部位开始逐渐叠加，向上伸展。

塚本：是的。就像卡鲁维诺（Italo Calvino，1923～1985 年意大

利作家）的《看不见的都市》第一章所描绘的那样。

五十岚：与矶崎新先生的空中都市相比，气氛大不相同。垂直的内核林立，从那里再横伸出桥廊，相互并不连结。

塚本：确实这也是超高层的连体，但看不到连结系统。因为直感上还是非树状结构的建筑好些。

五十岚：刚才说到的九龙城是相当重要的参考吗？作为混沌的东方风景……

塚本：意识到了。我想使单一的规划主体变得不能控制的状态在空间性上很有趣。设计宗旨上这样写着"《应该建造项目》的形象，就是画一条线……"也就是说这并非都市规划，我考虑的是：是从经验角度所见的都市，还是从使用角度所见的都市。这在今天也没有改变。

○　　　○　　　○

五十岚：我们回到刚才的话题吧。与"东京制造"的都市表情相关的部分怎么样了？

塚本：当时，对建筑师的作品的关心不如对都市的关心那样深切。不同范畴的东西相互影响的都市状态很有趣。

五十岚：这么说，尤其是那些涩谷化的东西是这其中产生的空间体验吧？

塚本：可不可以称其为涩谷化说不好，但是，以大量塔状和大量横长的筒状形成结构体，在其相间处组入足球场、露天电影院等许多半露天空间，而商铺那样的内部空间却很少。

　　现在看来，其实做模型就可以了，平面图用不着画成这样，而我老老实实地连阶梯都画上去了。过了这么久再一看还真让人脸红。

五十岚：这模型很大吗？

塚本：大约一两米见方吧。现在怎么想都觉得那是泡沫经济时代学生的坏毛病。

五十岚：1980年代后期很多学生都做这种较大的物体，从建筑师的毕业设计来看，都自有其个性，但也感到了他们所处的那个时代的气息。

塚本：是有很多。既然叫毕业设计不做大些当然是不行的。是有这种意识。

五十岚：像这样的力气活如今的学生都不干了，靠网络制作的小增设物倒是很流行。

塚本：我呼吁学生们放弃这类事情。毕业设计要拿出气力创作出批判、讽刺社会的作品才好。

五十岚：塚本先生从最初就有制作巨大物体的意识吗？

塚本：总之是被复杂的空间所吸引，所以在尽量追求复杂的过程中给人感觉越来越求大了。

　　毕业设计完成时，只是结构件、板块组成的空白模型。东京工业大学的毕业设计是7月份才交稿，此后，模型就一直放在研究室的桌子上继续做，从研究室的垃圾箱里拣出的东西也拉长拼接到模型上（笑）。就好像实际建成后住在那里的人们也用自己拣来的材料增补空间，来沿袭我的模型制作过程，最后就成了这个拼形。

五十岚：交稿时，有没有什么留有印象的老师评价？

塚本：与坂本一成老师和比我高两年级的奥山信一君谈过，想告诉他们这是一种都市现象，可他们说，你的毕业设计是不是在表现一种建筑上的力量啊？坂本和奥山或许把我看成了超大狂妄想症。模

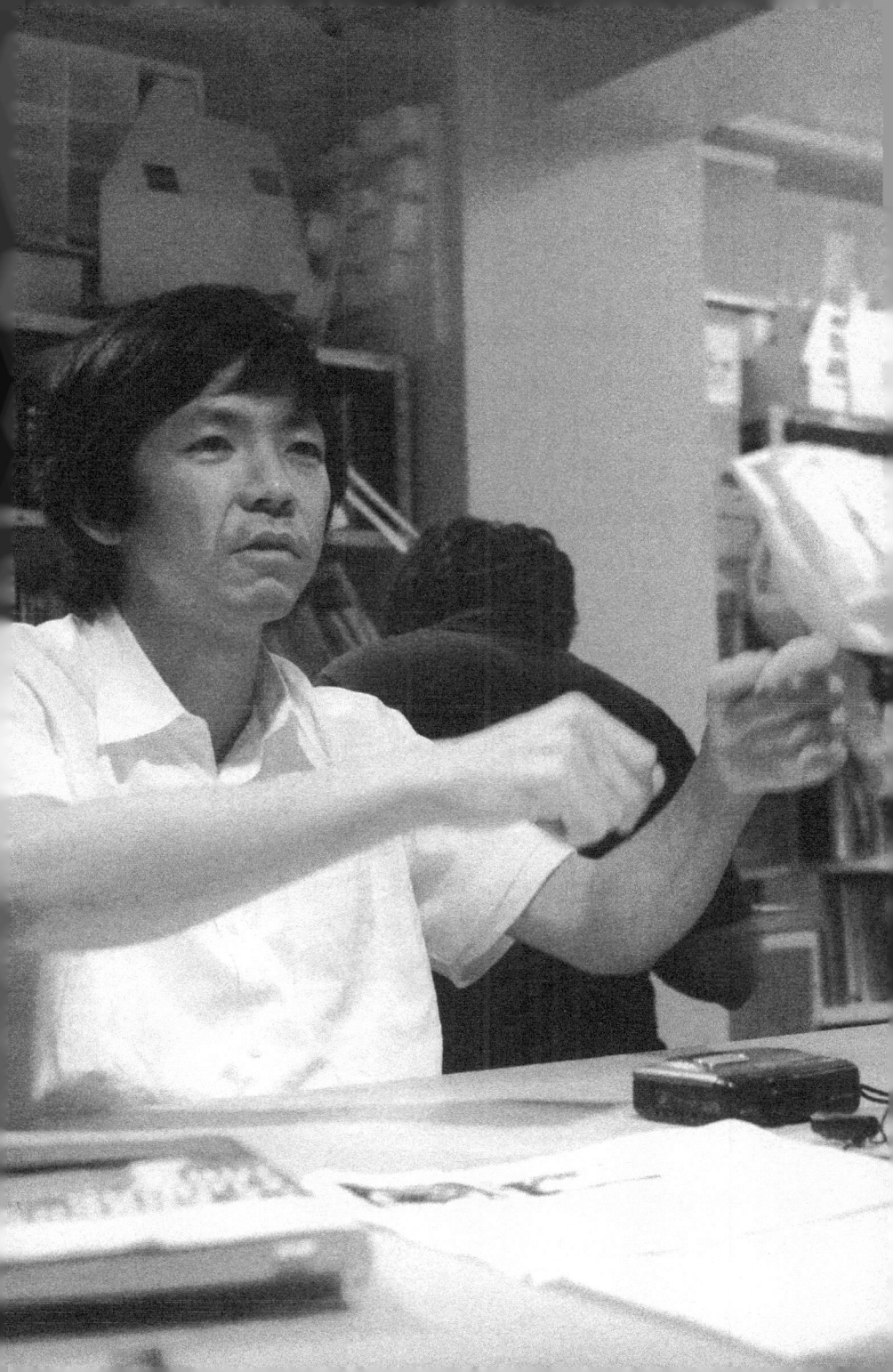

型塞满了各种东西，确实引发了一场大混乱。也许是我想否定建筑的力量之类的东西，我认为不遵照形式难道就做不出什么？所以对大家的反应很意外。

五十岚：确实，只看计划书，没有模型那般异常新潮的强烈印象。我认为这个计划书还是做得很像样，是有建筑性的。

塚本：是的，计划书还是像样的（笑）。

五十岚：另一方面，不控制外部，随意表现无秩序状态。最近推崇景观法的人把最差景观排了一个表，这个会被选中的（笑）。

塚本：已经在呼唤我了。臭名昭著的丑陋景观（笑）。

五十岚：大三之前的课题设计，与之相比有不一样的地方吗？

塚本：那时也追崇复杂空间，想要调整出自己风格美的整体形象。毕业设计时，对都市现象抱有兴趣，所以，我考虑把设计过程作为一种现象在都市中尽可能地表现出来。

首先是立几个塔，再制作使它们在空中连接的格架，由此形成一种地形似的东西，这里 A 的邻居是 B，B 的邻居是 C，决定了这样的相邻关系的制作方法。不调整比例，只是连续地做下去。

可当时还是很苦恼，不知道做什么才好。80 年代后期不是一样搞不懂吗，究竟建筑哪里好哪里不好？

五十岚：做设计的时候，是不是向老师请教过很多？

塚本：没有，没有。

五十岚：跟同届的西泽大良先生不是交谈过吗？

塚本：那是刚开始的时候。可是，那家伙中途躲在家里不出来了（笑）。

五十岚：塚本先生是住进大学的制图室做的吧。

塚本：大家都是住在那里干的。1986 年正赶上西班牙的世界杯足球赛，经常是刚想该干活了，电视的球赛转播开始了，根本没心干活（笑）。可真难受啊。

五十岚：读大学时住校做毕业设计是一段很难忘的经历啊。做模型的时候是不是有谁给你帮忙啊？

塚本：我逮住了低年级的松本君，硬性安排他，反正就在我身边听我摆布。他看透了设计是个苦差使，逃出了这个圈子。周围人说我：你小子把人家松本前程给断送了（笑）。但是，最终他还是想干设计，去了一家建筑公司。

○　　　○　　　○

五十岚：塚本先生谈了从巴黎留学回来时所见到的日本风景。在这之前对这样的都市景观有很大兴趣吗？

塚本：是的。我对风景有较强的感受力。

非常关心具有能量的东西，不喜欢压制能量的事物。所以，完全理解接受建筑的形式需要相当的一段时间。某种形式若一再地重复下去有什么意义，我始终抱有怀疑。

我逐渐回忆起来了（笑）。当时我认为所谓建筑形式，就是一种只要是拥有它的物体就会自然地将它表现出来的东西，或是说它的性质会从物体内部表现出来，而不是一种由人刻意表现的东西。

这个毕业设计从某种意义上是对形式主义的反抗，过分运用某种形式时，就会看出从里面显现出衰败破裂的状态，由此我们看到了自由的萌芽。作为毕业设计的一种表现方式这也许很不错，但边做边生出了疑问。

我想摆脱形式，可实际上我做的也许只是我对所考虑问题的再演示。比起某种规划好的都市，我更关心都市的现象，也就是在城市中正在使用着它的人们所制造出的结果性的都市情景。我思考我是否表现出了这样的现象。我思索着，此后的一年里完全陷入了迷茫。7 月末交出这个毕业设计，去巴黎是来年的 9 月了，在那一年里情绪很低落，心里觉得非常矛盾。

五十岚：我已充分理解了您所说的要尽量去除装饰的含义。比如若是让原广司先生构思一个边长 500 米的立方体的高密度都市，他会附上云状外观造型，但您一定不会这样的。可是就像你刚才所说的，把本来一个人造不出的都市状况一点一点地连接起来，用这样的方式确实会产生矛盾。

塚本：是的。最近，我发现我只是将都市现象复制了下来。但我还做不到回溯到其内在的某种规律，以及运用这种规律营造出不同的现实。

相对现代规划学中的演绎法性质的制作而言，我这是属于归纳法的看问题方式。比如，地铁插入东急东横店的那个例子，我只是明白了没有必要把建筑和交通两个领域分开。可再往下深入还是不明白，这就是目前现状。

五十岚：毕业设计之后的巴黎之行怎么样？

塚本：在巴黎，安利·希里亚尼告诉我："只学习柯布西耶就足够了"。我确实觉得这是时代的错误（笑）。但是设计过程中，用简单的原理对应出现的各种问题、条件要求，从而完成一个复杂整体。这一点是在希里亚尼的工作室动手操作中才领悟到的。

"原来就是这么回事啊"，我明白了就回东京了。但是，在东京视觉艺术的建筑走向一个很极端的领地，已经是饱和状态了。我把在巴黎做的项目给坂本老师看的时候，他说我（笑）："塚本变得这么保守了。"得到这样一种反应很有意思。但是，柯布西耶的方法论也算学到手了，这是自己的一点收获。

五十岚：后来又过了很长一段时间，在涩谷车站原有的结构上以戴帽形式完成了名为"城市标志"（2000 年）的涩谷大型综合设施。结果怎么样？

塚本：我很喜欢"城市标志"，我完成了涩谷的跨谷架桥工作。你不认为这是来自毕业设计的构思吗（笑）？

五十岚：毕业设计的构思？怎么理解？真的做了么？什么感觉？

塚本：线路上部有足够的空间，所以就做了出来。像这样想到哪就做到哪是毕业设计的可取之处，"城市标志"也是这种感觉。

五十岚：想必您经常对学生讲毕业设计应该朝什么方向发展，请您用一句话综括。

塚本：毕业设计上没有倾向和对策（笑）。我想说，其实这本书可以不要读了（笑）。

毕业设计

采访者：矾达雄

TENSION　　1988 年

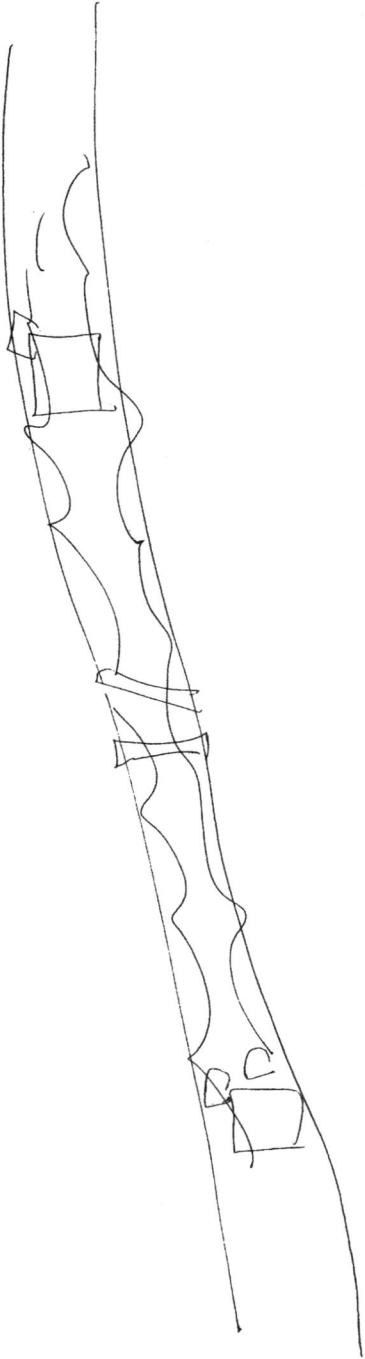

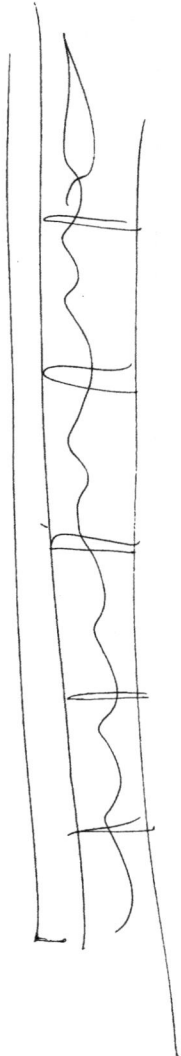

矶：很遗憾，手上没有毕业设计的实物。所以，只能循着西泽先生的记忆，了解一下当时都考虑了哪些问题。毕业设计是怎样计划的？

西泽：就是横滨的首都高速公路改造计划。过去的首都高速是沿着河流上行或下行，可现状是河道部分堵塞或已经干涸，为此，我想以景观取代那些废弃的河道，对首都高速进行一番改造。

其功能包括咖啡馆、剧场等形成一个文化类综合设施。（画着草图说）首都高速进入关内地区后，顺着河的流向走，但路面比河面低，从车站望去根本看不到首都高速，只见一条沟横在那里，沟被弯弯曲曲的挡板遮盖着，从远处看上去给人感觉河高悬出地面。

矶：让文化设施挂在或搭载到首都高速上吗？

西泽：是这样。想通过营造一条河流般的风景线，让这些设施放射出光辉，从远处看去，金属外装像河流般闪光，或裹覆着首都高速，或从高架路的下面穿过。

矶：文化设施具体都有什么？

西泽：剧场、体育场馆等，至于与运动有关的东西，严格地说不该属于文化设施。有篮球场、咖啡馆，还有田径跑道等各种设施，整体来看就是一座都市一样，给人以庞大而复杂的感觉。

矶：总建筑面积有多少？

西泽：要说面积嘛，河的宽度约20米，长10公里左右，这样算下来大约有20万平方米，大学历史上最大的作品（笑）。一张纸画不下，分成几个部分片断描述的。分关内的地下高速部分、首都高速从地下到地上部分、跨过元町上空部分、新山下码头等部分，然后将它们连续起来表现。由于过于庞大，哪张图纸都只能是局部描绘，无法看清楚整体形象。记得当时北山恒先生曾批评说："不画出整体景象这怎么行！"

另外，从制图技术这方面来讲我水平还很差，大学里每年有一个吉原奖，获选吉原奖的作品将由大学保管起来，我的作品曾有幸获奖，但是那张图已喷涂"55 胶"拼凑起来贴在板上了，不具耐久性，不宜贮藏。到毕业设计答辩会时已经开始剥落了。为此，他们让我修整一下，可是谈何容易啊，几经尝试都无果而终，最后我都想交给锅炉房烧掉算啦（笑）。

矶：那么麻烦吗？

西泽：是啊。田宫涂料这种涂料喷罐本来用于模型的喷涂，喷到图纸上会造成严重损毁。

矶：是用的喷罐吗？

西泽：是的，就是给模型喷涂的那种喷罐，一般不用在图纸上，可我不太清楚这些东西，是个外行。

矶：看来你是凭感觉选择的。

西泽：是的，只图省事才造成这种后果。

作品本身建筑味不浓，不是表象就是风景的感觉。也就是说有了基础，也不能一下子就建成建筑。如果准备用景观取代河道，作为目标就要表现出某种现象的意义。

矶：技术上不够成熟，自己也不满意，但在大学里受到好评，还参加了学会主办的毕业设计作品展。还真弄不明白是从在哪些方面受到了好评呢？

西泽：嗯。可能因为太巨大了，全长 10 公里给人很强的震撼力。其他作品有国际会议会场、美术馆等，都是些普通建筑物，所以跟它们那些是很不一样的。然后，无论怎样都是都市规模的项目，即便水平低，也会有积极解决问题的意识以及难以言喻的冲击力。

矶：依托在城市基础设施上的建筑提案，现在学生有做这种提案的，而在当时西泽先生这个毕业设计还是很少见的吧？

西泽：不过在阿基格拉姆以及塞得瑞·普莱斯（Cedric Price 英国建筑师）的作品中已经存在了，在都市建筑这个领域，我看已不是什么新鲜事了。在我们这年龄段当中或许没有哪个朋友做这个。但是如果比我早十几年的人，他们的毕业设计应该有很多这种类型。

○　　　○　　　○

矶：当时，正是现代标志主义在杂志上炒得热火朝天的时候。

西泽：是的。可我当时对建筑学习得还很不够，具体什么叫现代标志主义还不清楚。在研究生院时，矶崎新先生在《建筑文化》上面曾就巴黎拉·温列特公园的竞标评审过程写过一篇文章，记得我在旧书店里看过（"巴黎·香港国际竞赛：为什么日本毫无声势"，1983 年第 6 期）。那时由矶崎先生担任评委的很多国际竞赛的报告写得都很有意思。但是，当时的杂哈·海德（Zaha Hadid）、伯纳德·屈米在日本还不太有名，就连 OMA 也还被认为是"结构分离派（Deconstruction）"的那个时代，而我还不了解"结构分离派（Deconstruction）"、OMA 之类。当然知道的人也不少，比如，我哥哥（西泽大良）和塚本由晴先生、山田深先生这些人，哥哥和塚本与山田先生相比稍逊一筹。他们是对建筑意识非常敏感的建筑专业学生帮。我知道他们都很清楚。

矶：是一边看着这些一边吸收信息吧。

西泽：是的。信息是吸收了，但比这更重要的是立下了比较远大的志向（笑），深受影响啊。其他，说到我大学的那些朋友，当时生活非常平稳，常玩游戏机、台球、兴趣小组活动。与朋友常去一个游戏机场，当时还没有两人一块玩的游戏机，朋友玩时只能等在一边看，于是就画起了课题的素描，很随意开始的素描，结果就在那个游戏机场做出了很不错的方案（笑）。

矶：是什么课题？

西泽：是座写字楼。我考虑的是花园式的写字楼。办公室要尽量地大，如花园一般。并且让它延续到外面的空间，形成立体花园似的办公空间。由于这个课题发现了设计的乐趣，从那以后非常自然地把往日打游戏、玩麻将的热情都转移到设计课题上去了。很自然地埋头于设计，反之很少再去玩游戏了。此时已是大三结束了，我觉得来得太晚了。真正对设计产生兴趣已经上大四，毕业设计已经开始了，有这个印象。

进入 4 年级，我曾在入江经一先生那里干了一个月，他是个非常慈祥的人，像我这样不懂建筑的人在办公室里起不到什么作用，可对这些他毫不介意并留下了我。在入江事务所我做他的帮手，同时做大学里的设计课题。大四上学期的第一个课题在入江的指导下，在他的事务所完成了，入江的每句话对我这个外行来说都很深奥，但那也是非常宝贵的经验。

矶：从那时起，建筑专业的知识密度或者说专业水平才得以迅速提高，是吧？

西泽：我没有提高，是周围环境提高了(笑)。入江事务所是其中之一。后来又在北山那里打工，他那里有很多非常年轻的雇员，充满活力，给人新鲜感。在入江那里做的课题是广场纪念碑，记得只是图纸上的纪念碑，实际上不存在，犹如图像上的东西一样，强烈反映出入江的影响。

矶：仅是图像上的纪念碑就已感到当时入江的风格。

西泽：是的。此后在评议会上发表时，被老师批评："要设计建筑没有外形可不行啊！"我也确实同意，毕业设计时就做出了真实的形状。毕业设计总是想做大规模的，很自然地就选择了首都高速路，横滨体育场也想到了，但毕竟首都高速路更大。

矶：不是体育场这个建筑，而是首都高速路让你想到了完成一次飞跃。

西泽：找不属于建筑而是土木工程的题材。

矶：学生式的思维，社会性的求索。

西泽：怎么说呢？确实有问题意识，但是，我认为我还没有归纳出对社会的主张。

矶：那是不是因为高速路也引入了对高速路影响都市景观的批判？

西泽：我倒是没有想那些，我想的是利用首都高速路干些大事。比如说从首都高速路本身，以及其所造成的景观恶化中，找寻某种解决问题的可能性的存在。

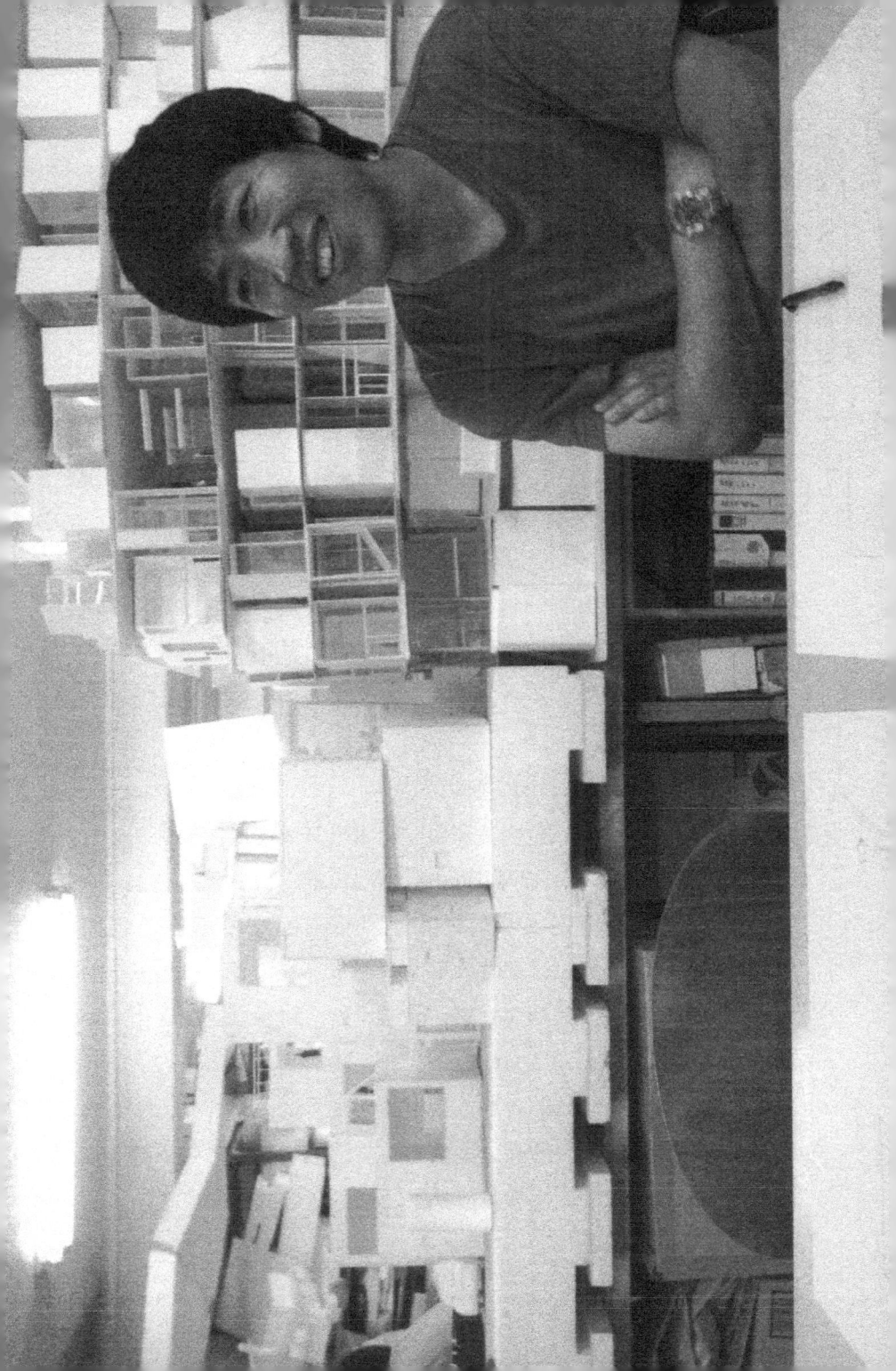

西泽：到研究生院以后，开始每周一次和朋友一起搞学习班，几个人聚在一起谈论自己所喜欢的话题。互相深入到各自领域去学习，让每人都能清楚地发表演讲，这种方式不拘泥于建筑，经济、历史、科学、艺术都可以，而我总是讲建筑。那是我快速投入建筑专业的时期。

矶：什么时候决定把建筑设计当作自己终生工作的？

西泽：没有瞬间做出这一决定，是不知不觉走到了这里（笑）。去研究生院的时候也没有特别想将来干什么，但一股脑地要学建筑。突然，想去伊东丰雄的事务所打工，其实，当时并不了解伊东先生的情况，只凭直觉：这人不错。现在回想起来我当时的感觉还是相当准的（笑）。

矶：伊东先生当时在做什么项目？

西泽：刚去打工时，正在做名古屋国际美术展览会的展厅（1989年）、歌剧院的顶棚改造……那是1990年，八代市立博物馆（1991年）之前的事。《SD》中伊东先生的特辑"风之异形体"（1986年第9期）是当时颇受欢迎的刊号。那时我对这些还不了解，看了伊东先生的建筑物，察觉到里面某种现代感，此后，原广司在《建筑文化》发表了特辑"Encyclopedia over Hiroshi Hara"（1982年第9期），在此拜读了伊东先生写的有关原先生的文章，觉得非常好，从内容到表现方式，乃至认识的陈述方法都给我留下了深刻印象，引发我去思考。为此，想去伊东事务所打工，打电话后就到他那里干了一段时间了。

一天，中野本町之家（1976 年）有个音乐会，想安排人去打扫卫生，当然都举手表示"我去，我去！"，于是我和朋友一块去扫卫生，也听了那场音乐会，说起来还有种后台人员的感觉。中野本町之家是个很漂亮的建筑。后来，又去看了建在它后面的一个"银盖"（1984 年），应邀参加了以伊东先生为中心的餐饮会。那是第一次得以详细听取伊东先生讲话的机会，那次餐饮会持续到很晚，结束时天已拂晓。

矶：哪些话印象最深？

西泽：留下很多印象。桌子上摆满了威士忌、日本酒和啤酒，伊东先生手里拿着一个捏瘪的空啤酒罐：建筑必须要达到这个样子！我听了大为震惊，惶恐地拿起一个威士忌的玻璃杯问："这个不可以吗？"伊东先生说："不行！"（笑）。我当时一再困惑，建筑难道要做成瘪的空罐这种程度？那只铝罐非常光滑，闪着银辉，但毕竟处于干瘪状态。与建筑联系在一起，有些风马牛不相及吧。情绪激动而记忆尤深。此后，伊东先生关于桃源乡的一番话又给了我非常深刻的印象。

这些谈话令我兴奋，但整体上是什么意思，语言的表达方式，与我至今所学到的语言完全不同。当时我所知道的建筑语言更为客观，或更为理论性，不论是设计也罢、建筑规划、结构计划也罢，这是有计划的，科学的，与个人生活、情感都是两立的。理解起来显得很茫然。可是，伊东先生的话讲得都很客观，非常现实，建筑师讲出的话其生动性和感受性都是融汇在一起的，这让我吃惊。并不是单纯的感情、热情这类东西，同时又是理论上有新鲜感的语言，建筑上新的发展方向的语言。这些新语言出自建筑师的心底，所以让我感触更深。我想建筑必须切实考虑这些迄今未曾想过的东西，并为此去努力。

矶：原来如此。刚说过干瘪的铝罐，其实现在还真的使用铝造了建筑。所以想到这里，明白了那不仅仅是随便想象而已。不简单。

西泽：后来，见到妹岛和世先生，他自己单干后，不时到伊东事务所来玩，一天夜里他又来了，我见到他那一瞬间就觉得这是个很有意思的人。经当时伊东事务所的雇员城户崎和佐先生的介绍，我又开始在妹岛那里打工，此后就天天在伊东事务所和妹岛事务所打工，所以那期间非常忙，每天都有令人兴奋的新鲜事，不久就到研究生院去了。

○　　　○　　　○

西泽：有一天，妹岛非常兴奋地拿着一份杂志的复印件回到事务所，上面刊载着雷姆·库哈斯的建筑。这位建筑师对我也有很深的影响，但是，不能仅限于我一个人，包括当时世界各地心怀不满的学生在内，他们多多少少都受了他的影响。库哈斯这个人有些不可思议，作品很刺激，不知是他的价值观还是什么，通过杂志强烈地渗透给了我们。他的言论、作品以及演说等都始终贯穿着一种伦理观，我从中受到很大影响。

矶：那是举办法国国立图书馆比赛（1989 年）的时候吧。

西泽：是的。拉·温莱特公园的比赛前后，雷姆·库哈斯在日本也知名起来，但起决定性作用的还是法国国立图书馆那段时间。记得很清楚，当时巴黎的展览会，他制作了"黑本"和"白本"。一个是《Six Projects》(Patrice Goulet, ed., I.F.A., 1990 年)这本书，里面有海港站（1988 年）、法国国立博物馆、卡尔斯鲁厄（Karlsruhe 德国城市）的 ZKM（1989 年）等，六个项目的特记。另一个是写有关里鲁的《Lille》(Patrice Goulet, ed., I.F.A., 1990 年)。描绘都市的连续画面，非常有趣。以极随意的涂画连续不断地描绘出了都市，项目很大。书很简单，像是笔记本。当时的库哈斯就是这样把自己的思想不仅通过建筑作品，还通过画法、模型的制作法，乃至语言的用法，以超出建筑设计范围的更大活动让我们感触极深。在研究生院的时候，伊东、妹岛、库哈斯几位先生对我的影响很大。

这是当时的感觉，可偶尔回到学校，又得面对如何修改毕业设计的问题，所以很郁闷，真的很郁闷（笑）。

矶：与这些人接触的同时，自身对建筑的看法有所改变，是否想过否定过去的自己。

西泽：这确实有过。看到的全是新的东西，那段时间感到每天都有进步。

矶：硕士论文写的什么？

西泽：题目是《建筑设计资料集成》，当时就知道这部书，很感兴趣。这部书的第一章是单位空间，里面对人体、桌子、梳子事无巨细地一一测出尺寸。比如从牙刷到大农场，应有尽有地逐一描述其尺寸，总之很有趣。我就以这些话题去写论文，农场和厨房排在一起范围广泛，成了杂食性东西，这个杂食性不知怎么去定义。

矶：用同一把尺子去衡量原本毫无联系的东西。

西泽：是的。就一部书而言，《建筑设计资料集成》索然无味，里面根本没有对事物的惊异，只关心事物与事物之间的关系。我想对《建筑设计资料集成》如何只注重描述关系性这一点从多角度展开论述，就是这样一篇论文。

○　　○　　○

矶：现在回顾一下，您认为毕业设计处对自己重要吗？

西泽：觉得没有什么关系。但是说起河川或许还有些关联，之所以选择河川是因为这个题材与现实也许有联系……毕竟营造风景还是有共同点的。我当时觉得搞建筑就是营造风景，我对都市大规模的风景的关心与当时有些关联，也许比当时有些落后（笑）。

矶：可是，与您现在从事的改造有些不太一样啊。当时修建高速路之类可以看到景观，总可以感到是在对应基础设施，而现在西泽先生做的事有些超前，把都市结构抽象化，再以建筑相对应，西泽先生从一开始就对城市这么有兴趣，自己也觉得很意外吧。

西泽：不，我开始对都市产生兴趣是读研究生期间去欧洲旅游的时候，也就是在看到世界各种城市后，也是做完毕业设计之后。做毕业设计时，老实说对都市没什么兴趣，不是对都市，而是对风景感兴趣。也可以称其为环境规模的风景，具有整座都市一样大的规模，对这种庞大规模风景的兴趣。

以河川来说，比如巴黎的塞纳河，从街区悠然流过，勾勒出非常美丽的风景，这条河之大，都市里任何设施都无法作为可度量的对手，不是常规上大小的概念，尺度上无可比拟，可是难以度量的如此庞然大物贯穿于市区间非同凡响。塞纳河总是向城市提供着新鲜感，人们时而来这里散步或休息。所谓河就是具有环境规模的风景，那不是只为某个人私有的风景，是与人人相关的大风景。我想建筑物也有与之相近的风景、情景。这样的问题意识，可以说从毕业设计时起就接连不断地出现。

蒋、本壮介

毕业设计

采访者：仓方俊辅

urban housing ginza dori ave.project　　1994 年

仓方：藤本先生的作品既大胆又给人一种开创的感觉，无论是以几何形态连接的伊达援护宿舍（2003 年），还是以室内装饰做空间试验的 T House（住宅）（2005 年）。从毕业设计角度来看，与此有近似的印象，都市与住宅这个明确的标题，与（法国马赛的公共住宅区 Unité d'Habitation 柯布西耶设计 1952 年）有关系吗？

藤本：大四那年曾利用暑假的 4 周时间去欧洲旅游，乘夜班火车赶到马赛，朝霞中看到法国马赛的公共住宅区受到强烈震撼，接着又去了拉图雷特修道院（Couvent de la Tourette 1959 年柯布西耶设计）、朗香大教堂（notre dame du haut 法国 1955 年 柯布西耶设计）、萨伏伊别墅（Villa Savoye 巴黎郊区 1929 年 柯布西耶设计），觉得柯布西耶非常了不起。回国后就该做毕业论文的选题了，结果非柯布西耶莫属（笑），研究了他的透视画法。

　　其实所谓毕业设计也就是柯布西耶（笑），马赛给我的印象非常深刻，所以我想做公共住宅，看到马赛人居所的多样性，感到了建筑所具有的力量，对此应该能找到一点提案。当时正值"奈克萨苏世界（1991 年）"（福冈的公共住宅区）等出现，为越来越多的公共住宅方案提供了土壤条件。

　　12 月，在毕业论文发表时间截止时，毕业设计还没有进展。首先想建筑用地的问题，就到新宿的中央公园、四谷附近去转了转，以便先搞一个建筑用地的模型，但是印象不鲜明。此前，对都市这个概念本来就不怎么关心，仅仅对建筑单体如何完成这样的空间性、空间力量感兴趣。既然我进了大野秀敏的研究室，我想就用都市方案做毕业设计吧。只是由于不熟悉，付出了很多辛苦。

:500 ground level plan

shop

shop

shop

shop

w.c.

shop

shop

w.c

shop

Ginza dori Ave.

shop

shop

ban housing
inza dori project
e Fujimoto and partners

从年底到开春一直住在东京，连家都没有回。那几天连着睡觉，梦中发现银座整齐的街道上开了一个大洞，里面住着很多人，这么一幅模模糊糊的画面浮现在眼前。觉得这可以把大的都市性的提案和与人接近的公共住宅结合起来，于是马上赶到学校，制作了小模型和蒙太奇（见103页）。我这样画出来，感觉柯布西耶全集中的巴黎街道部分是不是也可以插入我的画作了（笑）。之后又画了一幅应该是巴塞罗纳，从建筑物下面穿过的街道一下子扩展成广场，这种街道的结构很新颖。想就做这样具有魅力的都市空间。于是决定了。

仓方：在都市里开一个大洞的想法就是从这里来的。

藤本：正是。回到日本以后，翻阅了有关欧洲古典广场的书，发现自己喜欢上这个了。城市规划中有不太论及空间性的地方，感觉在巴塞罗纳广场体验过的空间性和都市联系不上。总之，想打乱旧街区，提出开创都市空间的新方案，此后一个半月觉得心里有底了，把牢固的网格街区破除，获得了全新的空间性。在这层意义上，丸之内的街区显得太大，杂乱的地方不易出效果，以银座为对象感觉上又有些对不住。毕业设计需要华丽的地方，当时我自认为这是可与柯布西耶匹敌的都市方案（笑）。

仓方：在公共与私密两者的关系中加进了新提案呢。

藤本：通常中庭这类地方属私密空间，但我想让车和人流在那里穿过会很有意思的。这种邻接的方法，让外面便于进来，这样稍显混乱的状态不是都市里的一趣吗？况且不是任其无序地乱下去，与建筑的秩序性相反的混乱状态也能制造出效果。这不也是都市的本质吗？可控的和不可控的奇妙地结合在一起很有意思。

仓方：因此成为口字形规划的建筑吧。

藤本：对，可是以前叫"拉图雷特修道院"（笑）。去拉图雷特修道院和萨伏伊别墅时，呆了一天时间也没有充分把握，就像吃进胃里消化不了一样，感到一种难以理解的印象，而且百思不得其解，只得拖到最后期去处理。当时为了写毕业论文，详读了柯布西耶的全集，让各种东西从口字形建筑里面通过，头脑中浮现出这样一种造型。银座的笔直街道上突然插入"口"字形建筑，使街区的一侧膨胀起来。穿过建筑物来到中庭，感觉膨胀一侧的空间被牵拉，街道呈现出较强的方向性，形成完全异样的广场，街道连续蜿蜒伸延的感觉不是也很有趣吗。

○　　　○　　　○

仓方：三个建筑物为非对称配置，是要回避完结性吧。

藤本：从一开始我就想45度角设置总可以产生效果吧。从街上看的时候，希望明显见到与街区不同的秩序插了进去。建筑物分别设置在街道南北，因为做了两个要让它们各自不同才好，所以南侧用两个"口"字形组合，结构也就更复杂了。

仓方：虽然这是针对都市的提案，但是，尺度从都市到建筑细剖顺序递减，使人感觉不到计划性感觉，这很独特。建筑物的分置使得都市的轴线规定了房间的斜间壁，最终的形态也是一口气完成的？

藤本：都市意义的形态是最初过年那几天的梦中灵感的原样（笑）。我的毕业设计是短时间完成的，有些不足。不过，头一次体会到了短时间的学习中培育出的初步形态。此前，有一个初步印象之

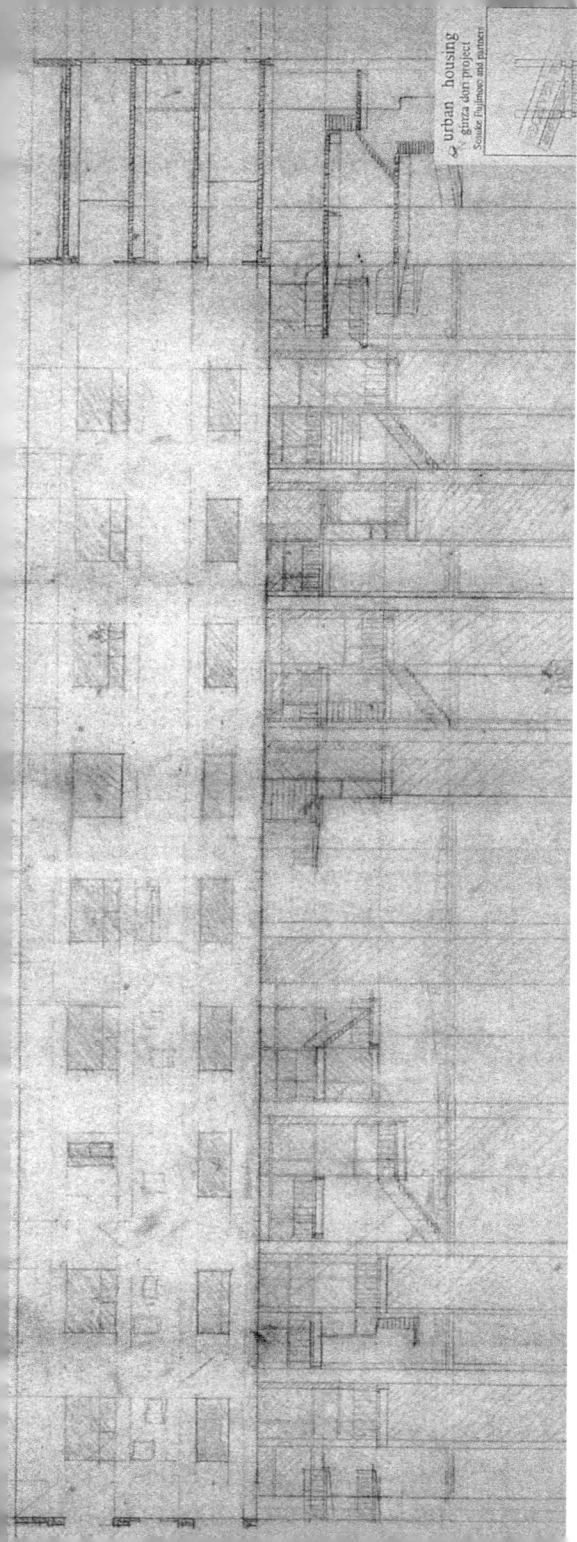

urban housing
ghzza dori project
Sender Frullman and partners

housing elevation

后就开始精心设计。极端地讲，都是一天就完成的，所以，并未真正理解"学习"这个概念。

毕业设计时首次知道了以最初形象唤起下一个形象，使方案扩充起来，由此再产生下一个形象，这样切身感受到连锁反应的学习程式。哈，原来如此。几乎想再退回到三年级，把这些课题全部重读一遍（笑）。毕业设计最大的收获也许就在于对学习这一概念的新的认识，而意识到这一点时已经晚了。

○　　　○　　　○

仓方：即使已把握了完整的形象，实际完成时没有出现矛盾或麻烦吗？

藤本：这也许与刚才的话题有关。我并没有那种遇到问题就必须解决的意识，而能不能把各种形象展开、发挥自己的灵感，我认为这些才非常有意思。所以基本上没有为难的时候，一直觉得很有趣。

与其去解决什么问题不如设法把方案丰富起来，这才是更重要的。考虑道路均衡的同时，又要兼顾能让"口字"里面的人体验到愉悦感。准备了居所环围广场的"BOX　HOUSES"和下部为桩基可通向广场的"SLAB　HOUSES"两个类型，箱体里面是三层住户，下面是结构板迭加的造型，这里也是住户。为了便于桩基楼体上住户的出入，可通过装设于四周墙上的通道走廊来联系交通，设置了向道路各种动线，屋顶也可供行走。

仓方：按设计这里能住多少人，上面写的是 104 户。

藤本：只能住 104 户，有点失败啊（笑）！每个住户面积都很大，所以才只有 104 户。将各单元设计进建筑物，最后一清点是 104 户。按规划是所有的单元都不相同，这设计很有趣……

仓方：建筑物的规模是从哪儿得来的？

藤本：每边长约 70 米，口字形里面盖住银座大街与相邻的一条街。感觉两条道路被这个广场骤然交汇在一起，银座街向相邻的街扩散再收拢，形成这样一个空间不是很有意思吗。这样一来，从银座街稍微向单侧靠拢，就有这么大的面积。所以与其由外侧决定不如看内侧的情况决定能加入几个造型，按这个尺度不就可以获得与街道不同的空间性了吗。是能与街区的大小相平衡的规模。

最初，人说这是一咱溯源性的作品，确实，我常抱着要按原形来做这一念头。虽说是都市空间,但街道的原形就是笔直的吗？还是那种不规则纽结的街道才能叫做原形？追溯到都市、街道、住所的原形，考虑如何把这些移入空间。我喜欢这种追根求源地思索。

仓方："都市"和"住宅"可以说是一个建筑师永远的课题，真的需要一鼓作气地进行下去。像毕业设计上的印章那样有朝气（笑）。

○　　○　　○

仓方：就个人而言你认为毕业设计中哪方面有所收获才算成功？

藤本：这个嘛——是辰野奖（笑）。毕业设计的质量会开拓自己此后的活动。我有这种意识。读大四的时候有一种到了最后的关头的感觉。觉得我拿不到辰野奖人生就算白活了。或者说是有野心吧。将来自己出了名的时候，希望有人说：这是藤本的毕业设计，已经收入作品集了（笑）。因此，丢人现眼的作品不能出，这是一切的原点。全是这种自我狂想。但是，在这种虚荣的同时，总想设计个影响范围很远的东西，因为以前由于自身的问题始终没能实现过。

仓方：参考过以前辰野奖的作品吗？

藤本：没有。是不是很自傲啊（笑）。要开创自我的人生建筑观嘛（笑）。我认为跟着先例，看着最近倾向走是不行的。我们做毕业设计是在20世纪90年代初期，是一个对建筑的观点刚刚发生变化的年代。我对当时稍前一些时间的现代标志主义一类的东西不感兴趣，都是柯布西耶、密斯的世界。但能称为真正的建筑的东西不是很有意思吗？

仓方：毕业设计中的各种设想有没有和朋友、同事谈论过？

藤本：有几个不错的朋友，都是些擅长搞设计的家伙们的团体（笑），其间常做些没用的议论，我当然总是以为自己才是最好的（笑）。做毕业设计的两个月里都是处在高度集中注意力的状态下。这个透视图（见129页）是画完底稿后想放大而在制图室的中央间壁墙上挂了一张大纸，在大家面前画出了有生命力的图（笑）。透视图发黑的部分是被脱落的木炭粉弄脏了，没用过木炭还爱显弄，这样一来，自己就紧张起来了，同时制图室的紧张气氛也增加。我记得似乎是这样。意识到那是一段非常重要又非常短暂的时间。

以后不知会怎么样，有些不安，可也没有再去想它，那是非同寻常的两个月。

仓方：漂亮，拿下辰野奖，讲评情况怎么样？

藤本：最近对作品都是公开讲评，我们那个时候，由老师看着制图室挂出来的作品打分，只发表分数，从心里细细玩味（笑），对我的作品褒贬不一，有人认为在银座街搞这么个东西不会被允许吧，也有老师看着透视图说："就得这样，这才叫毕业设计！"（笑）

○　　　○　　　○

藤本：如今再让我讲解毕业设计，我也讲不好了。

最近发表作品的时候，都是写文章的同时给出说明，无法说明而需要凭直觉的地方占很大比重，准备将其理论化的技术部门本身也觉得是感觉上的技术，有再怎么讲解也绝对说不明白的领域……但是就这个方案而言，现在我的设计感觉是处于完全不同的另一个世界，所以也可以说是我在变。

仓方：这个毕业设计与现在做的有些关系吧。

藤本：我也不知道与现在有无联系，毕业后就不再关心毕业设计的事了，有种交差的感觉。此后就淡忘了。

这次重新看一下这个毕业设计，觉得自己设计的具有空间性的东西是有共同点的，现在这里有一个"安中环境论坛（比赛作品 2003）"的图（见 115 页），看后令人惊叹，并且写着"forum（公共广场）"（笑）。是伸缩空间，还是某种空间的节奏？这种空间意识与现在也有着联系。毕业设计称为"银座"，是在均匀的

BOX HOUSES 1:200 middle floor plan

forum

住户与广场的关系是凹入或凸
出的。

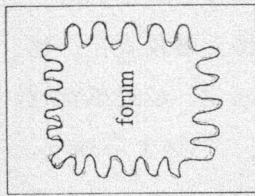

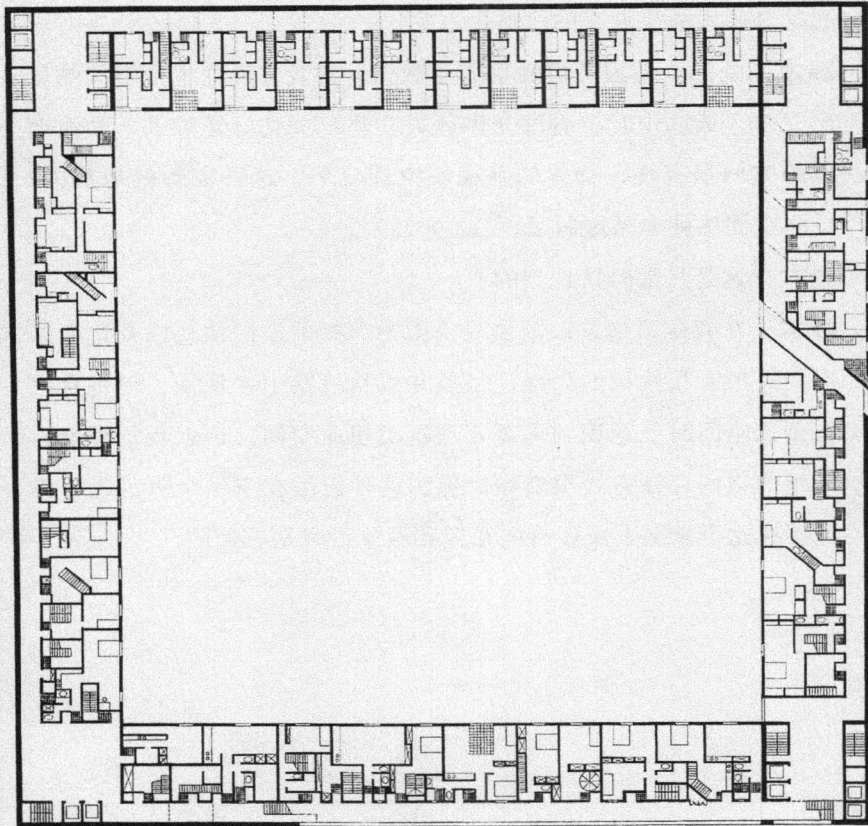

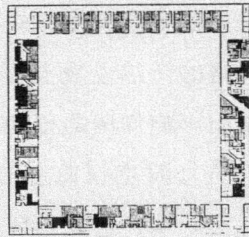

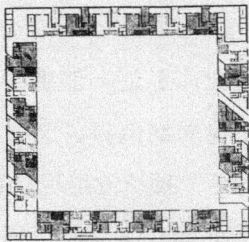

BOX HOUSES 的 73 个住户，在
与广场保持凹凸形式的关系下，
各自有不同的风格。

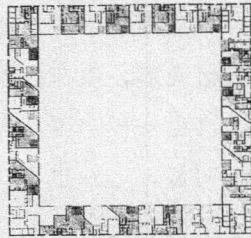

urban housing,
ginza dori project
Sosuke Fujimoto and partners

网格上加设强固的框架，于是，那里的空间形象成为部分变形的网格，即银座自身出现局部偏斜，又好像还要回到原来样子，就像是空间自身有了节奏。我经常出现这种意识。

仓方：也许我听得很奇异，使我联想到俯瞰整体的蒙太奇摄影法的（因重力导致时空扭曲）概念图，较大质量物体其周围的时空会变形，像在描绘网格的海绵上放上重球那样图形被模式化。建筑也一样，因其存在而影响周围的行动模式及感觉，越近感觉越明显，远处也多少有些让时空扭曲变形的作用。把这个塔插入，不仅对大街的人有直接影响，远处场所的人们的行动也不得不改变。对这种物体形态与空间关系的关心就表现在毕业设计中。我想这与藤本先生现在的风格也有关连。

藤本：是的。爱因斯坦的重力场概念，对我来说这也是空间的原形之一。读高中时，看过《伽莫夫全集》一类好懂的书，爱因斯坦的空间很有趣，物体的存在使空间变形，这种变形就是重力，这样空间感就容易理解了。

仓方：这是从那时认识到的？

藤本：在我从事建筑以前就对爱因斯坦式的空间概念以及这样的空间原形有很浓厚的兴趣，虽然并未从战略上去认识，但是自己在创造空间时已意识到需要处理这类扭曲空间。最近我觉得爱因斯坦的空间存在方式很新颖。感到这种思维在下一个阶段也行得通。在这个意义上或许有些东西和做毕设时是相通的。

○　　○　　○

仓方：藤本先生大学毕业后参加了很多比赛，方法与毕业设计有变化吧？

藤本：做毕业论文和毕业设计的过程中认识到语言是具有强大力量的。有时动笔写起来发现，受其鼓舞在形状上有了点子，发现新的解释，就会"还有这种情况吗？"这类感悟。于是把想到的东西敲进笔记本电脑，当然插图也一并存了进去，这样更符合我的个性，由此，自己的思路也得到了扩展。

毕业后回到位于北海道的父母家自己一个人搞设计时，曾参加各种比赛，一边看建筑用地、画图，一边探索什么事情可以作为问题，以及这类设定问题的语言。现在可以用插图表现空间趣味，而且不论感觉上的逻辑性，还是从语言到语言的展开都可以完成了。

仓方：就是说来自语言的"草图"，这是与具体造型并行的吧？

藤本：基本上是并行的，但是与语言相比还是图形要快一些。一般来讲其速度有些微妙差异，双方良性刺激。

毕业设计之后，我自己有了新的扩展，比如我最近一直在讲的"从局部做起"。这个毕业设计在某种意义上用了很时髦的方法。如果解释起来，就是从都市内部产生曲变，但作为一种方法要从大角度抓住都市，从外面套用大的秩序。对此，在其自身暧昧相互关联中形成秩序，我对这一方法感兴趣。毕业后，一个人在北海道搞设计时，从普里果金（Ilya Prigogine 1917 年生于莫斯科，1977 年以"散逸结构论"获诺贝尔化学奖）的《从混沌到秩序》这本书中找到灵感，取代近代大秩序的新秩序的存在方式给了我暗示。

仓方：所谓抓住"局部"是怎么个单位？

藤本：（指着事务所的模型）比如这里集中着很多方箱，从集中的箱子到适当地分散，这期间根本没建立秩序，而是意外形成的。这是局部的关系，只是这种东西由生物性建立。好比森林的形成就与其很相似。在我这里，这种方法所占比重较大，所以和毕业设计断绝了关联。

仓方：对于物体图形与空间关系的连续，有无俯瞰一下毕业设计与现在风格的不同之处。

藤本：是的，我本身有这种特点。知道了从局部考虑的方法后，这不很有意思吗，就进行了各种尝试，并且与现在联系了起来。确实，毕业设计中曾有过类似"安中环境艺术论坛"的画图，与其说"安中"是从整体性考虑的不如说是从不同场所的松散制作中生成的，各种各样的局部状况由此而出现，这样一种意识表现出来。但毕业设计时的思维方式中未出现"安中"那样的意识。

所以就我而言，毕业设计时的我和现在这个我之间有一个巨大的断层。有了巨大的转变。毕业设计完成觉得有某种程度交差感觉。因此，后来再没有拘泥于这个毕业设计，是一种对我有利的忘记，使我直接进入了下一阶段。这一奇妙的反转姿态也许现在也与我的活动有联系。

仓方：您在做实际工作时，加入了一些与毕业设计不同的要素，是有了些什么方法上的变化吗？

藤本：实现从创意的设计水平转移到实施水平这是最近的事，虽然您现在已经知道建筑是这样做出来的，但是研究其作为建筑是不是真正具有魅力的空间时，还需要实际制作模型进行观察，这种脚踏实地的作业是最后决定质量的环节。最近终于清楚了这种

from BOX HOUSE

urban housing
ginza dori project
Sosuke Fujimoto and partners

urban housing

ginza dori ave. project

"the hole "

"STREETS"

sreet and urban housing

Sosuke Fujimotoandpartners

street and urban housing

street and urban housing

设计实施的重要性，接下来就转换为决定能否实现形象化的空间，总之我们通过模型来研究。

仓方：做模型是为了把握空间吗？

藤本：空间也是一方面，包括各个层面。头脑中描绘的是著名建筑，可是完成后再看却很普通，曾有过这种不如意的经验。头脑中描绘的再好，不执著地实行也成不了名建筑，其模型能被理解的，实物也能被理解，这是做了许多之后才理解的。我确信这一点，所以，要做就要一鼓作气做到底。

○　　　○　　　○

仓方：最后，请您给正准备做毕业设计的同行们，尽量讲几句吧。

藤本：做留芳青史的毕业设计（笑）。看了最近的毕业设计，发现没有什么野心。手笔都坚实有力，做得很不错，但是志趣不足。要有"如此大气"，再上一步能惊天动地的意识。以自己的构思向世间发问，以否定现在所有事物这样的意识作出的作品，尽管未能归纳整理完好，但已引起了观众的注意力。

我认为每个人都要尊重自己的个人想法。自己认为好的就希望把它扩展到社会上去。一说社会性就想到应该是大家共有的，或是必须将自己思想封锁的扭曲状态；然而，真正的社会性就是怎样把自己个人深信不疑的想法公开，只有在相互争论中才能寻求到。谦虚又要抱有自信，同时还得与危险相伴。遭到贬损就会否定自己，但是，必须从这里重新鼓足精神，这也就是野心，也许还可以叫做奉献精神。作出这样的提案会让人另眼相看吧，就是要让人另眼相看！我希望看到大家有这种奉献精神，这样你自己很开心，也让别人高兴，我认为这样的提案才有打动人的力量。

　　更重要的是希望大家有超出自己掌握的知识范围的欲望，哪怕是稍微一点。那个时候你自己会感到惊异，也会有更多的人惊异。不要局限于自己所知，要迈出一步，这是建筑的最大乐趣。

藤森照信

毕业设计

采访者：矾达雄

"桥"——杜勒"由幻觉到真实形象"的方法　　1971 年

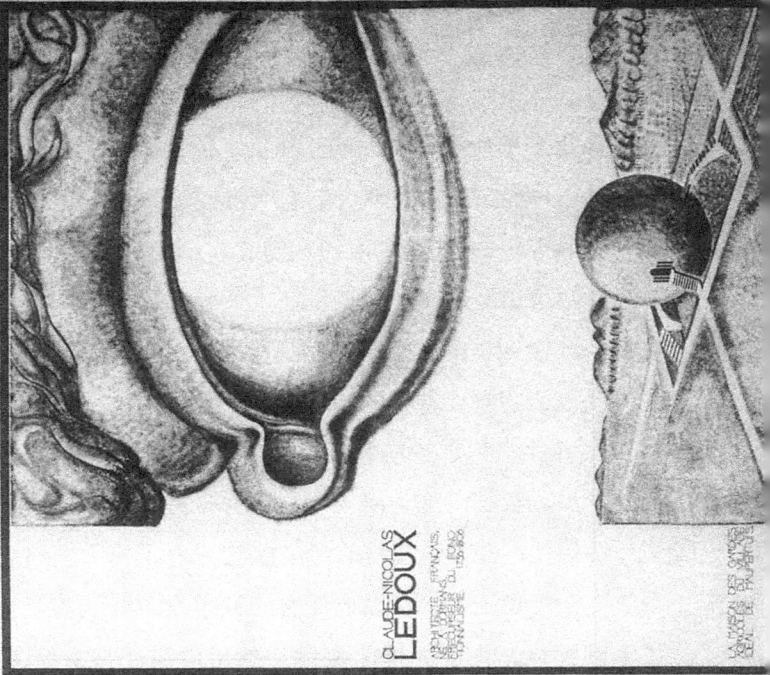

01

CLAUDE-NICOLAS
LEDOUX

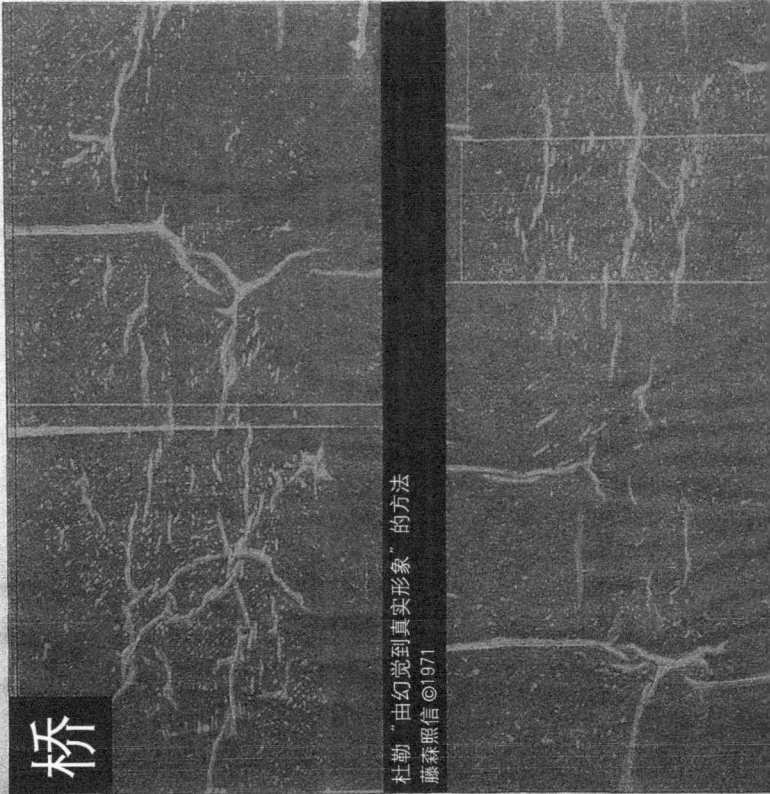

桥

杜勃 "由幻觉到真实形象" 的方法
藤森照信 ©1971

矶：做这个毕业设计时，就已经决定转入建筑史的研究工作了吗？

藤森：是，已经在建筑史研究室了，设计方面就准备以此为最后一次了。

矶："'桥'——杜勒'由幻觉到真实形象'的方法"这个题目的作品，建筑用地是设想在那里？

藤森：广濑川上的广濑桥，在仙台那是很有名的一座桥。

矶：是怎么想到要造桥的？

藤森：我注意到那条河非常脏。可当时河的污染问题还不受重视，任其发展。我想以这条河为中心让都市重获新生，沿河岸边走边拍了一些照片，开始调查河的污染情况。

　　再三考虑之后，就想把现有的城市全部作为废墟处理。道路、住宅都拆掉，街区先作为废墟，然后沿河一带全换上绿色，在那里赫然立起一座超现代的桥。当时出于对杜勒风格的爱好，才形成这些幻想色彩的画面。如果是现在，河流污染那样大家都知道的课题就不做了。并且，成了这样一个让人思索的题目（笑）。

矶：比如说100年后的未来都市之类，想改编成这样的故事吗？

藤森：不会的。总之在现有街道拆除之后，将森林复活，在那里树立起未来的东西。是这样的图景。

矶：当时矶崎新先生已提起过"未来都市就是废墟"的说法，有来自这方面的影响吧。

藤森：也许有。我非常喜欢矶崎先生的东西，但当时对他的印象与其说是废墟，不如说更喜欢《年代笔记》里的文章和大分县立图书馆（1976年）等作品。

矶：当时知道杜勒的人恐怕还不多吧？

藤森：我也是到历史研究室后才知道的，一般学生是不会知道的。我喜欢杜勒的素描，所以到旧书店买来了他的作品集，其实，毕业设计的封面画的就是杜勒的"麦田守望者"和"剧场"的画。剧场的装饰让人耳目一新，我是以这些画为蓝本，眼珠都快瞪出来才画好的（笑），满怀着对他的崇敬啊。

我很坚决地决定在这里架桥，但却不知怎样造型。画了几次规划，想架一座中间粗的平面桥，可这么一来，菱形平面上就光看柱子了，桥成了单一的结构板还有什么意思？怎么办？让我十分为难。就在我用平面素描画来画去的时候，发现把菱形平面立起来不是也可以吗？中央部位靠上下悬吊怎么样？这时我高兴了起来，心想："就是它了，准行！"

除杜勒之外，阿基格拉姆的行走都市（1964年）也给了我很深印象。当时矶崎先生介绍过行走都市，虽然并非直接看到，但是确实对我产生了影响。

矶：让人感到废墟里只有这里有文明，但这桥的功能是什么？

藤森：谈不到什么功能，咖啡馆、快餐店是供人稍事休息的，再有就是卫生间之类。让过往行人能有个停脚的地方也就可以了。

结构上的有趣之处是它的吊索一反常态装在了下面，是把结构板吊起来的形式，记得我想到的就是这种吊桥，估计会很有意思。

矶：是宫崎骏的漫画中出现过的形象，宛如漂浮在半空一样。

藤森：是的。实际上这不能减轻重量，简直就像飞船一样。但构思并非来自飞船。

矶：因为是张力结构，重量上不能太重，不过并不仅仅关注一个轻字，杜勒式的特点就在于让你感受它的重量。

藤森：就是这样。喜欢杜勒的重量感，尽管重却有幻想性。

○　　○　　○

环境图 1：1000

藤森：听说这曾在建筑学会还是一个什么地方主办的毕业设计展上展出过，会场在东京，我那时还没想搞设计就没去看。后来读研究生一年级期间，在打工的一个事务所见到重村力先生时，他惊奇地说："原来你就是藤森啊！"我反问道："你是怎么知道我的？"他说："我看过你的毕业设计嘛。"还笑着说："我的方案和京都一个叫高松伸的方案，还有你的毕业设计做得最好"（笑）。

矶：当时你那双眼一定是神采奕奕了。

藤森：真的要拆除现有的街道，架桥吗？幻想式的东西或许让人稀奇的。我没想搞设计，所以尽管没有好评，我也一如往常。学生时代最后做点自己想做的事，设计也到此为止吧。

矶：因此被东北大学选为代表的是吧，所以周围的人都很恼火（笑）。大学里的老师都怎么说的？

藤森：现在已记不清了，结构学的老师问"结构上能成立吗？"记得我回答的是"结构上成立不成立，在设计阶段可以不去考虑，这问题应该交给负责结构的人，他们会给我解决的。"不管怎么说，画这图可是非常辛苦。用烟头的过滤嘴蘸绘图墨水，一点一点小心翼翼地添加阴影。看，这就是实物。

矶：了不起！我看这还真不简单。接合部的细部都认真考虑过了。

藤森：这个接合部是否确实能行我心里也没底，但是，没画别的（笑）。要靠张数取胜，所以，细部、结构的构思也都画了出来。很累。

矶：这里画的道路网是原有的吧，那么，你这桥的引桥与道路还没有衔接起来。

藤森：不错，只有桥孤零零地悬在那里。还没有与道路衔接起来，所以，车辆还不能通过，只是步行桥。正如从河里看到的那样，好像造了一艘潜水艇，也曾考虑过中间设置站点可一下子进到水里去。

画得很详细（笑）。过了一段时间再看，相当不错。我也明白为什么重村留有印象了（笑）。

矶：当时的学生们用来做参考的都是哪些建筑师的图？

藤森：大家参考过鲍尔·鲁德罗夫（Paul Marvin Rudolph 1918～1997年美国建筑师）的透视图，他也出版了作品集，是由很多细腻的线画成的图，我并不喜欢。但是，经常成为当时学生们的话题。

矶：最近，现实中建造的建筑也就是现代派的延伸，可是其暗藏的这类叛逆建筑是不是在年轻一代中更易于接受呢？

藤森：个别的还是有的。矶崎先生也这么说过，已经有"新陈代谢运动"了，阿基格拉姆不是也存在着吗。

矶：这个毕业设计，看来对藤森先生后来的设计活动也有影响。也感到有一些相通的方面。

藤森：现在的都市，令人讨厌的地方很相似。但是，现在我走向与此完全相反的方向，从超现代到与其对立。但是，基本上带有杜勒那样稍有些幻视的感觉。我的处女作——神长官守矢史料馆（1991年）是45岁那年完成，毕业设计之后又空白了20年才从事设计工作，那期间一直在做历史研究工作。

矶：没从事过设计？包括未实现的建筑。

藤森：一个都没有。当然，还在关注着现代建筑的发展动向，不过没有着手去做。

矶：我想各种建筑师的毕业设计您都看过，对于建筑师而言，是如何看待毕业设计的？

藤森：还是很能体现这个人的方向性的。丹下健三的毕业设计有独特的配置方法，后来出现了丹下先生的风格。前川国男的图拙劣得

透视图

132

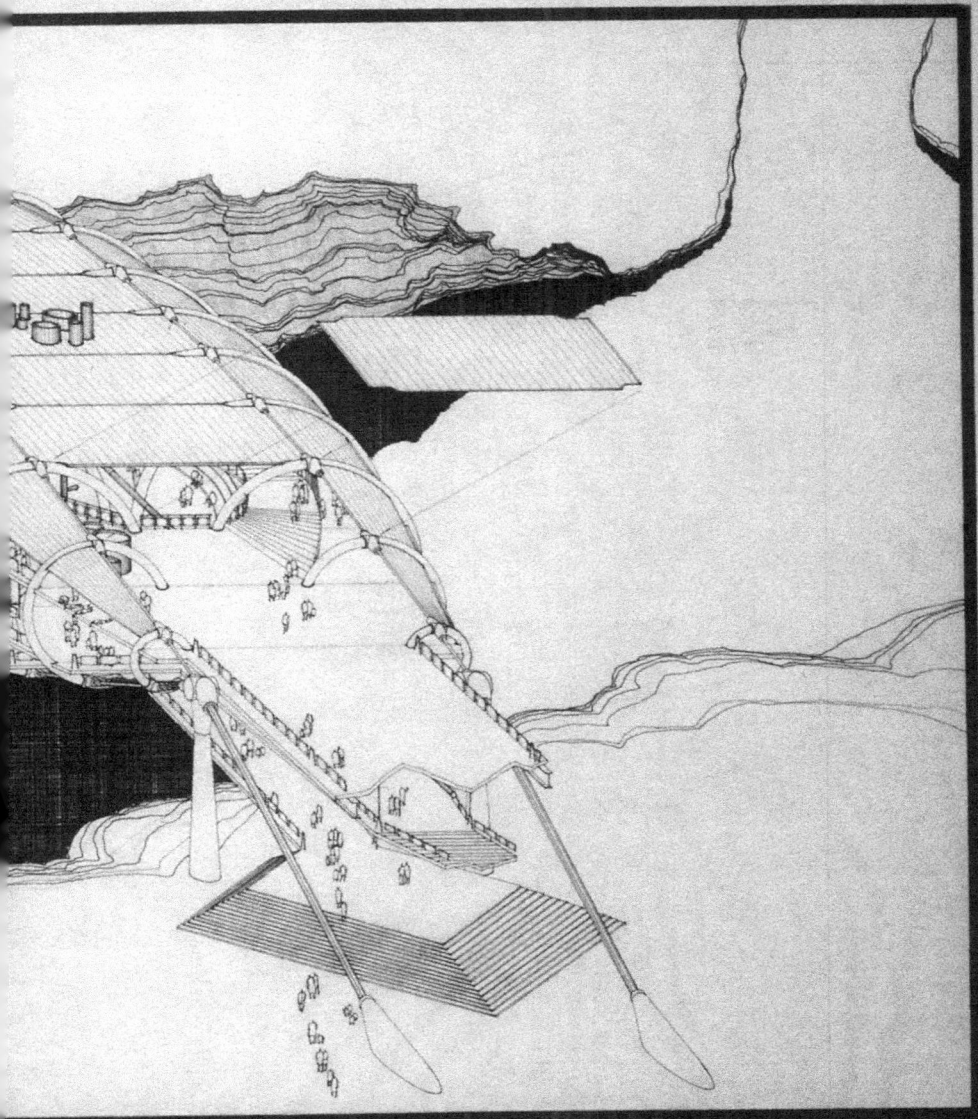

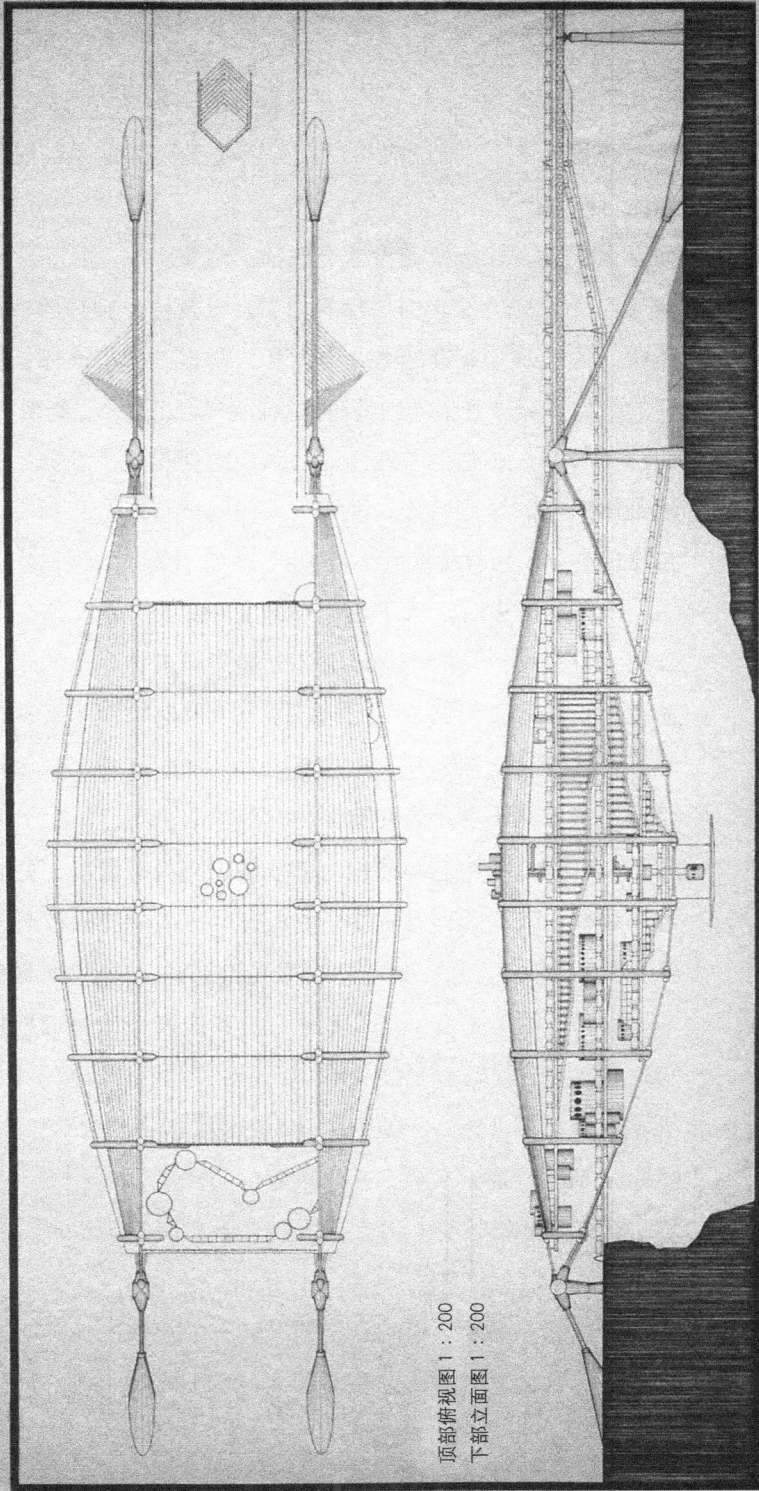

04

顶部俯视图 1 : 200
下部立面图 1 : 200

令人惊讶（笑），听说前川在事务所几乎没画过图，确实很拙于画图吧（笑）。

矶：其他还有什么毕业设计给您留下印象？

藤森：立原道造的素描那样的作品，以及佐野利器的毕业设计都很不错。佐野的毕业设计是一个大厅，图也画得很严谨，毕业论文对它的结构计算进行了详细说明。这样的作品非常少。使用了很多公式。明白了辰野金吾先生考虑让他去做耐震结构这类计算的缘由了。然后是山田守的毕业设计，规模很大而隅部折断，想画一张大图，可是建筑专业用的肯特纸太小，改用了造船用的肯特纸，这也很有魄力。

战争刚结束时，从毕业的杂志上看到的，桢文彦先生的毕业设计做得也很好，图面非常漂亮，无愧于今天桢先生的作品。我想毕业设计与以后成为建筑师的活动是有关联的，学生时代是形成建筑的基本感性以及思维方式的时期，所以毕业设计是其结晶。

矶：小说家对于自己的处女作也有同样的说法。

藤森：在处女作中若不能把全部展现出来就不能成为好作家（笑）。

矶：这样说来，藤森先生的毕业设计中也展现您的全部了吧（笑）。

藤森：某些部分肯定要收进去的，要说全部嘛……有些不好意思（笑）。

我想搞建筑才进了建筑专业，可我连设计和施工是分开的都不知道，很少去学校，只是埋头看书。不过，对设计课题是认真完成的。

矶：对设计并未感到厌烦吧。

藤森：哪里，是喜欢啊，而且很自信的。

矶：虽然喜欢搞设计，可是遇挫折还是去研究历史了。我想不是这样的吧。

藤森：当然不是的。说到这个问题还真的从未感受过所谓当设计师的压力，看杂志时"这才叫棒！就干设计师这行吧。"是有过这种

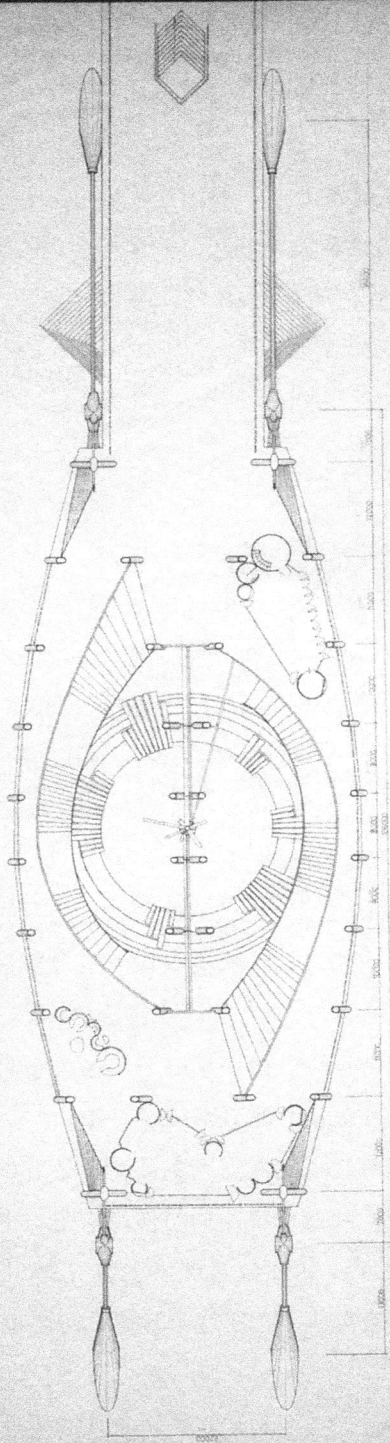

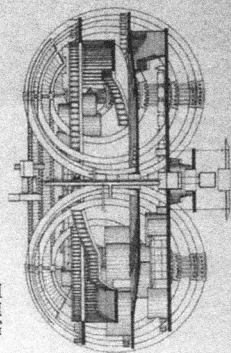

剖面图 1：200

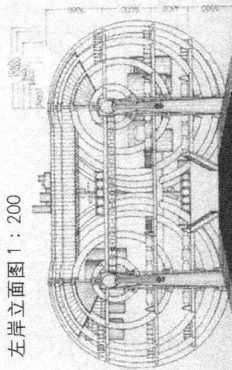

左岸立面图 1：200

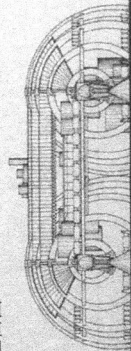

上层平面图 1：200
右岸立面图 1：200

想法的（笑）。

矶：想搞建筑，进了建筑专业，可为什么后来又去研究历史了？

藤森：现代建筑把建设和设计分开，单选哪个也不能满足。现在回想，不过是青年时期固有的内心烦恼，书读得多了，结果就明白了搞建筑就得到历史中去钻研。

○　　○　　○

矶：最近看过学生的毕业设计吗？

藤森：偶尔会请我为毕业设计展做讲评，今年还参加了东大的公开讲评和关西小型的艺术系大学讲评会。东大的内容较分散、孤立，像是大厦里的寄生物，假设的东西、小的项目很多。15年前已经有这种倾向，假设的东西在增多。作为单项而扎实的建设项目很少。有这种感觉。

矶：是指能具有现实性的提案吗？

藤森：现实性的也没有。让他们去做些虚设、离散的东西，所以实际上并不存在。当然做单体建筑物更现实一些，毕竟对单体建筑兴趣淡薄的年轻人越来越多。

令人惊奇的是，今年去关西小型的艺术系大学时，看到的都是丹下先生那样的庞大的城市规划，使我吃了一惊。不过也确实很新奇。

矶：像藤森先生的幻想性提案这类项目最近已经没有了？

藤森：大概是没有了。现在所说的幻想性，除了空中漂浮方式，几乎都很难称为幻想性了。如仙台的媒体大厦（2000年）在方案阶段看恐怕不行，却偏偏实现了。在这个时代，幻想也是很难的了。

下层平面图 1：200
结构设想

古谷誠章

毕业设计

采访者：仓方俊辅

THE ROMP OF THE ALPS　　1978 年

仓方：矗立在水边的精美建筑是做什么用的？

古谷：是建筑教育设施。不过说老实话，在里面干什么都可以的（笑）。在自然环境中建筑这一人工产物该怎么摆法，只考虑这一点而制作的作品。它所处的位置在信州的青木湖。

当时早稻田大学的毕业设计用 B 全开纸，平面图的比例尺定为 1：200。所以建筑物缩至 1/200 时，这个大小的图纸刚好合适。建筑用地为正方形，从中间平均分成两半，一边保持自然状态，另一边用于建筑。建筑部分又进一步分为两份来施工，将其中一份 45 度分开，再做更细致的规划。重要的是自然保留部分里面的人工产物的大小，怎样按几何形状摆布才好，这些都是在分割正方形时要考虑的。

仓方：真漂亮啊！

古谷：只是搞了一个图形。

方案中配置有向中心集中的场所，东侧是工作和作业场所，西侧是宿舍。随着离开中心，两等分、再两等分……场所的尺度就越来越小了，随着向外延伸场所从集中到分散，带着等级伸向自然，最后部分一个人孤独地与自然相对。反过来，随着向中央去空间就趋向凝缩，柱子的排列就定为 1、1、2、3、5、8 这种菲伯纳奇数列的方式了。这样建筑的等级要素随着向外而淡化，空间密度越来越小了。这是最能展示这种想法的轴线测定投影图（见 146 页），用均等的网格分成 16 份正方形。从大的顺序来看，将 16 份再按 16 份分割下去，这样自我相似的思路。

我受的是现代派教育，所以用正方形分割这一几何方式做平屋顶的设计，其中包含着一种从单纯的角度难以想象的某种复杂性。非常均匀的网格空间里随处都有不规则的东西混在里面。

BLOCK PLAN S:1:400

仓方：当时早稻田大学这种几何方式的操作是主流？还是反主流？

古谷：我想没有哪个家伙会做这种工作。正如今井兼次老师介绍拉格纳·埃斯特柏里（Ragnar Östberg 1866～1945年 瑞典建筑家）时所说的那样，像北欧那样伴随着某种抒情，植根于各自的风土、环境条件下的现代派，是早稻田强烈关心着的潮流。

　　芬兰与丹麦不同，地下就是岩层，只能生长纤细的树木，胶合板的制造加工技术很发达。将其优美地加以弯曲表现出埃尔特设计中的那种节奏。这就与现代派的那种方形感明显不同，从更广意义上看，这里发挥作用的是风土性、地区性。对此，我觉得早稻田有共同之处。所以像我这样做那种不同于可见的抒情性的东西，还是稍微有些不一般的吧。

仓方：是说与北欧现代派含有的那种温和的东西多少有些区别？

古谷：是的。虽说选择的是青木湖这一自然环境，可还是去了与温和情调根本无缘的地方。我做学生时，总是被约翰·海扎克（John Hejduk）笼罩着，轴线测定投影画法都是海扎克的仿真品（笑）。如1/2住宅和3/4住宅所表现得那样，将三角形或圆形一分为二，是从几何学中产生出诗般造型的空间结构理论所引发的。

仓方：把它放到这样的自然当中去很有意思。

古谷：这样的操作在鳞次栉比的楼群里也不是不可能。但单纯考虑长方形的背景，我想还是自然的东西和谐些。海扎克的住宅系列显得缺少脉络，但其实里面有不可思议的素描画。就是板房的素描，其后面也很蒙克（Edvard Munch，1863－1944年挪威画家）的画作那样有很多变形的树，我不愿那么如实地模仿，画的时候就换成球或绘成树了（笑）。

仓方：你意识到了个体与集中的关系，那么对于人集中时的行动与

ELEVATION NORTH

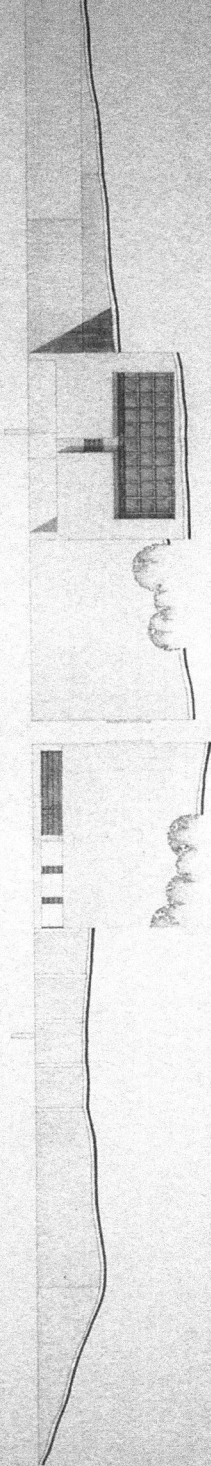

ELEVATION WEST, EAST

ELEVATION SOUTH S.1:200

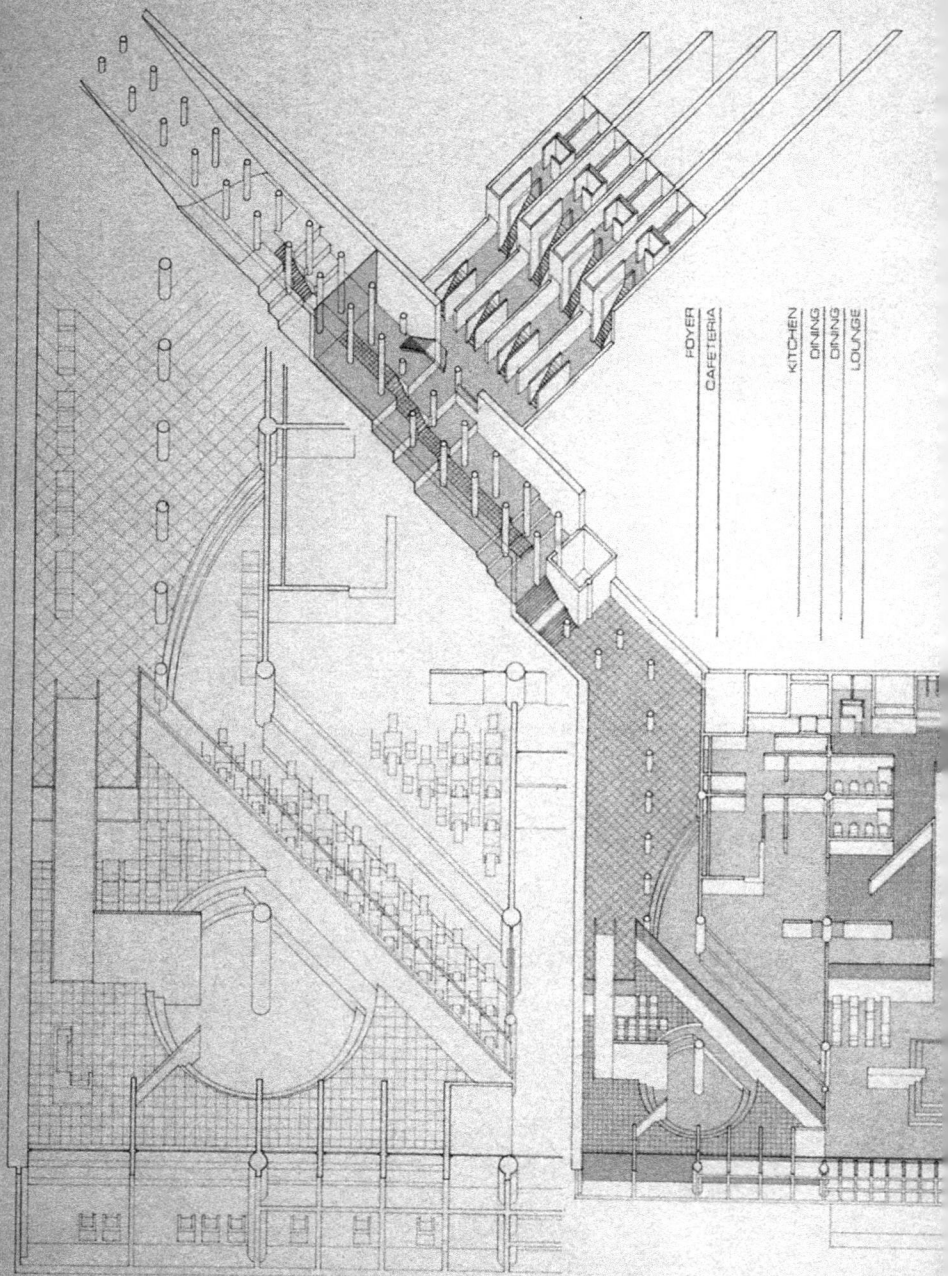

FOYER

CAFETERIA

KITCHEN

DINING

DINING

LOUNGE

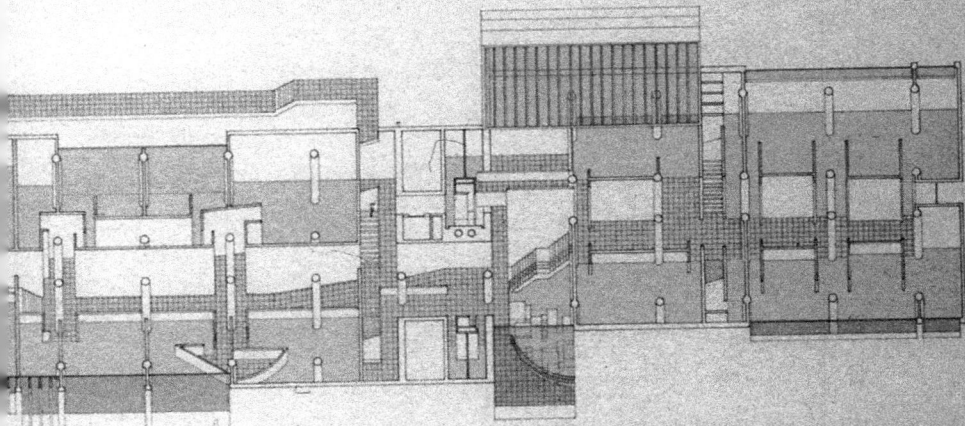

CONFERENCE
MEETING
CONFERENCE

ATELIER
ATELIER

ATELIER
ATELIER

ATELIER
DATA

FOYER
FOYER

MODEL MAKING
MODEL MAKING

DRAFTING
DRAFTING

单人时的行动你是怎么考虑的？

古谷：个体应有的空间和时间与群体应有的空间和时间，这两者怎样求得平衡呢？我认为正因为存在一个人与自然对峙的时间，反过来才可以与群体活动的空间时间平衡。人群里面可以有孤立的存在，其看似孤立但实际上可形成一种自发组织的人群，我考虑的就是这样一种结构。

仓方：确实，看平面和剖面可以传递出你的这一思路。而从立面看，感觉有什么地方封闭了起来的印象。从截面、模型上来看，空间向上穿出的结构的源泉从什么地方来？或者说，这样处理为的是什么？

古谷：我想让它外表单纯里面复杂，为了与自然对峙，用简单明了、直线的手段与有机性的自然进行对比协调。在与自然对比而协调起来的简单明了的长方形建筑用地上添入自然的地形，箱体里面是人工的复杂地形，想做成这样一种结构。立于自然环境里的建筑物，置身其间又能联想到外部的周围情况，必须有这样一种引导作用。

仓方：看图纸得知多种要素归结成了一个。这里要想做的中心在什么地方？

古谷：这正是它的最大缺点。总之成了大杂烩状态，塞得满满的各种想到的、想做的故事、主题都处于未整理状态。为了明确目的就要删除多余部分，同时把中心部分透明出来，可是还都未来得及，到底哪里是中心，真正想做的是什么？已经很难搞清楚了。

仓方：平面与立面的关系很有趣，自然界中放置一个用几何学建造的建筑物，种类繁杂。带有时代难以包容的特点，形式主义的操作没有贯穿到全部立剖面上。

古谷：我当时所想的建筑是平面图，现代派的某些部分也都置换到平面图上去了。这样做虽然为平面图增添了魅力，可是立面图在画面上就显得非常贫乏了。仅通过给出层高来使平面自动转为立面图的作法，给人感觉有些偏重平面。我自己也并不满足剖面、立面经自动制图完成转换的习性，但怎样展开才好又全然不了解。现在想起来，把这样的形体在结构分割上，就可以从里面营造更强的混沌风格了。

毕业设计之后，就将注意力转向剖面图了，在剖面图里做正方形分割，想想看，现在也仍与此有联系。今川宪英先生就说我："古谷先生的剖面图上肯定有正方形"（笑）。

仓方：群马县神流町中里综合办公机关大楼（2003 年）等就属于这类吧。看来立于自然中的建筑方法也与此类似。

○　　　○　　　○

仓方：这类轴线测定投影画法经常使用吗？

古谷：是的。从那时起轴线测定投影画法就经常用来画图了，没有计算机，用模型做出内在样式那是相当费工的。轴线测定投影画法是把空间关系立体地展现出来，出于爱好把它画了下来，很中意其中的这个。可实际上，轴线测定投影画法并不是精确的（笑）。如果老老实实地做，遇到某个非切不可的固定面，自己意图中的空间关系就画不出来了。在这种情况下我就会把某个较高的地方画得低一些，自己展现出想展示的地方。保证秩序的同时，也表现出手画的随意性。这是我所喜欢的。

仓方：每张图纸都做得很精细。

古谷：尽管如此，与周围的人相比较还是属于低密度的。当时，大

家都画到图纸一片黑，而这图纸却留有充分的空白。早稻田占优势的主流是抒情派、肉体派（笑）。不论平面图还是什么图，都用铅笔画出影子，画成非常抒情的图纸。

富于感性的人用这种手法画得确实漂亮，但是普通学生很难模仿，这种情况下就只得凭自己气力了，反正就是以大密度"涂抹"上去。总之，不留缝隙地画满，给观者以强烈的压迫感。当时以是黑还是白来评价图纸，"古谷，你的图纸密度不够啊。"之所以这样说，指的是黑色用的不够（笑）。当然，在白纸上用铅笔咔哧咔哧地涂抹，黑色的出现给人一种快感，把它作为一项指标也不奇怪了。

早我一届的赤坂喜显先生的毕业设计做得非常漂亮，他精心地用蓝墨水画双线，然后再黑白反转。赤坂先生很有智慧，对早稻田主流的那种土里土气的东西很讨厌，所以，自己琢磨出这种黑白反转的方法。只讲"黑"，我的是全黑（笑）。但反转后变成白色的部分结果密度更大，将点描画出浓重的结构立面图再加以黑白反转，图纸整体效果洁白，很有威力感，让人难以接近。

仓方：早稻田也出现"白色一派"了（笑）。

古谷：当时像赤坂先生那样很理性地挑战的学生，都埋头于修辞、图形。我们那个时代受赤坂先生影响将图纸黑白反转的人很多，而我是个倔脾气（笑），不愿跟着走，绝对不做多余的事，我画出来的就是这样的白图。

○　　○　　○

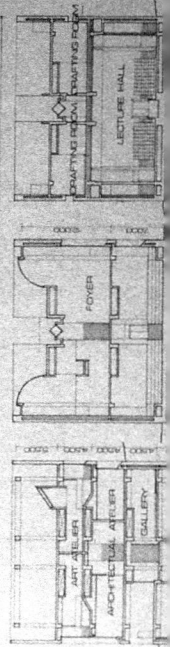

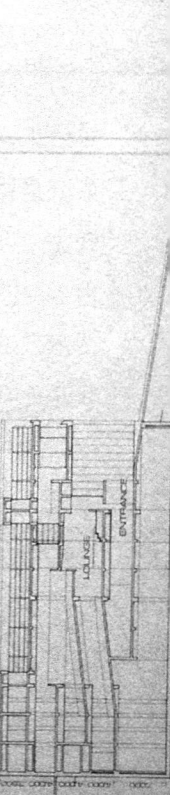

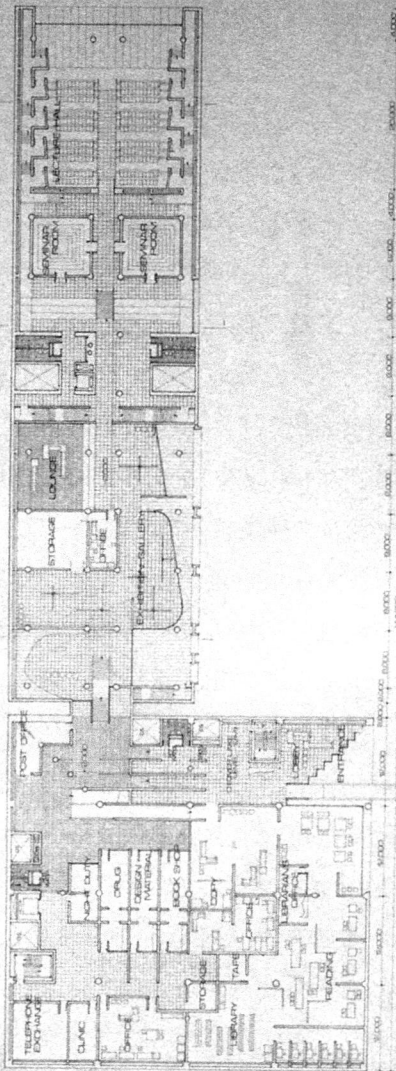

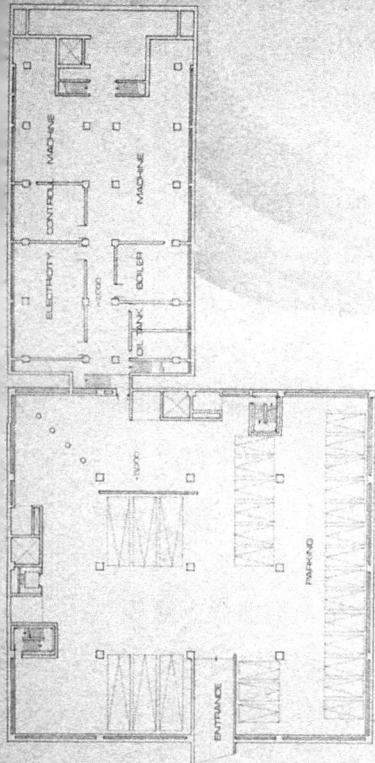

BF PLAN S:1:200

1F PLAN S:1:200

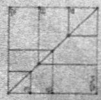

仓方：毕业设计交上去以后情绪怎样？

古谷：彻底解放了。于是就全部投入到自己原想做但进行得不理想而没有做完的工作中，做毕业设计的最后两个月我的体重减了9公斤（笑）。

仓方：是付出了心血（笑）。

古谷：夏天穿的牛仔裤穿上就掉，那时买的是非常喜欢的28号牛仔裤，没再穿第二次，因为第二年又胖了11公斤（笑）。就因为这么加倍努力，才排除了困惑、挫折，从那时起不抱任何幻想，专心去做自己感兴趣的事，就是这样一种心态。

　　早稻田将全部学科老师的打分汇总起来决定最后的评价，而我没能进入前10名，对我的综合评价低。我问穗积信夫老师说：我的评价不高，这到底是为什么？他却回应道："我很佩服的"。（笑）没给我批评。我感到自己被排除在外了。后来得以挽救的是入学式时吉阪隆正老师说的"毕业设计进入前10名的成不了出色建筑师"这句话。即使当时老师给的平均分高，也只不过代表那个时候的价值观。我很幸运地逃出了前10名，所以我还是不错的呢（笑）。

仓方：自己想做的全在毕业设计中了，感到舒了一口气。后来进了研究生院对什么感兴趣？

古谷：毕业设计没进前10名很失望。可是，那年暑假初次参加比赛就获奖了，那是用水彩画的一个规划图。那时我已经用现代派的绘图墨水笔持续画了4年的硬线条了，但我想从今以后变得自由些，所以专注于用水彩画画平面图，与对建筑的兴趣稍稍产生了偏离。

　　那次比赛的题目是"电影院推动电影的复兴"，我做的是把横滨新港码头一座红砖房的仓库改造成电影院这个项目，被评为佳作。当时没有"修复"这个词，讲到电影的复兴时，就把兴趣放在让红

3F PLAN S:1:200

BED ROOM FOR SPACE

DORMITORY ROOM

BED DORM ROOM

MEETING ROOM

OPEN AIR COURT

RESIDENCE ART ATELIER

CONFERENCE

VTC

MODEL MAKING

DRAFTING ROOM

DRAFTING ROOM

MODEL MAKING

DRAFTING ROOM

SOUTH CORRIDOR

ARCHITECTUAL ATELIER

ART ATELIER

CAMPUS

ARCHITECTUAL ATELIER

DATA ROOM

GALLERY

FREE ATELIER

OPEN AIR COURT

DINING

OFFICE

CAFETERIA

LIBRARY

PARKING

砖房的仓库得以再生利用上了，拿到获奖的奖金才缓过劲来，这么说还是可以干下去的嘛。没想到，这次武基雄老师又说我：你这也算得上色彩？（笑）。

读研究生二年级时，在一次由"辛克之家（K.F.Schinkel）"作者詹姆斯·斯特林（James Stirling）出任评委的比赛中得了一个一等奖，当时一层的方案是用水彩画的，评审中斯特林曾自语道：若是用硬线条画会更好的。二层是用墨水笔修饰画的，那比较好。我听到这些感到很意外。于是放弃了色彩处理又回到老路上去了。有些太随意吧。

仓方：现在回想起来，有没有感觉到当时的毕业设计与今天的古谷先生可衔接的地方？

古谷：很难啊。虽然时时有回归感，但毕竟是已经做完的东西，提交以后感到今后就自由了。

不过，这种感觉能再来一次也未尝不可。赤坂先生毕业20年后，完成了R—90竹中技术研究所（1993年）这一建筑，与他当年的毕业设计一模一样。

仓方：这可是值得高兴啊，一定去看一看。

○　　○　　○

仓方：现在给众多学生做毕业设计指导时，经常提什么建议吗？

古谷：毕业设计是对4年来功课的大总结，可我倒认为交出去是为了以后。早稻田不叫"毕业设计"，他们叫"毕业计划"，不是为毕业交计划，而是针对毕业后自己的处境、姿态所做的计划。毕业后把自己立足点放在什么地方，致力于做什么。这是第一步，是着手

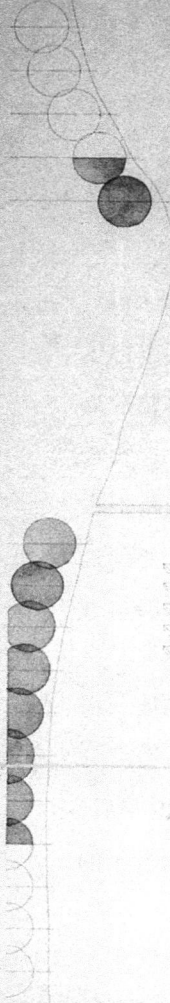

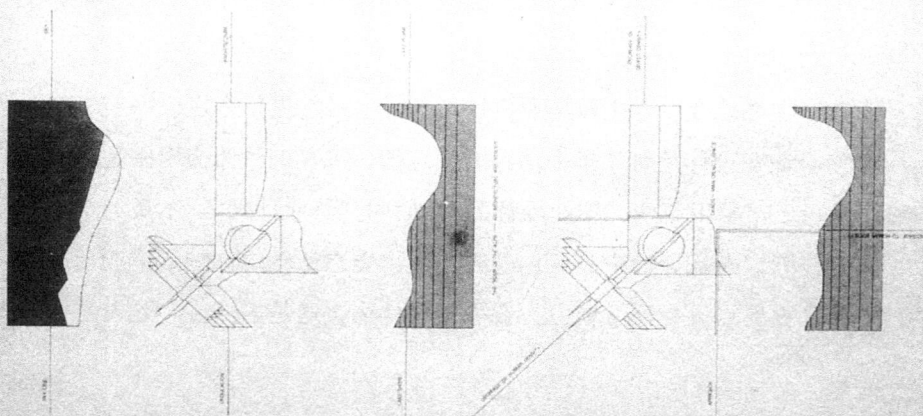

的起点，也就是常说的"毕业后计划"。所谓毕业计划是作为新建筑师在社会上的第一次亮相，对今后要走的道路将产生不小的影响，要带着这样的认识去工作。

仓方：确实是这样。亮相之前应准备哪些条件呢？

古谷：自以为是肯定不行。从大一开始的三年当中，从积累建筑知识起步，逐渐把它变为自己的东西，到了四年级时终于明白一些了。若只考虑建筑领域内或建筑界的事情，就会视野狭窄，要看到现在自己身处的现实都市、社会，即要带有外向的眼光。不是漫不经心地去看，要看得出问题，要有批评的眼光。毕业设计是对此所做的提案，应该有这种批判的目光。早稻田的学生很多，所以存在许多竞争或比赛之类的，我深切感到必需具有"外向的目光"。

硕士论文

采访者：五十岚太郎

住宅意义的理论结构　　　1971 年

毕业论文

装饰论　　1968 年

002

ー序ー

　当論文は　先の「装飾論」をそのまま延長させたものである。ただ全く其のアプローチをとったため　装飾そのものを問題としたわけではない。「装飾論」での問題は "関係" としてとらえられる諸対象を集合し　実体化され得るためには　人間の不確定的な意識あるいは意志をのぞいては考えられないのではないがということであったと思う。そしてその意志を僕は「装飾意志」と呼んだ。「装飾意志」の実体化における一般解としての「装飾的なもの」という概念とその特殊解としての「装飾」とを定義づけようとした。当論文にあってもそのような不確定的な意識をどう認識すれば良いかがひとつの問題となっている。それは「装飾意志」が不可欠であるとしても　それと "関係の構造" とも呼ぶべき

序

　　本论文是对先前"装饰论"的延伸。只是取了相同的引论，其实并不是讲述装饰问题。"装饰论"的问题是为了将作为"关系"的各种对象集中，并使其实际化，我想人们必须研究一种不确定的意识或意志，这种意志叫做"装饰意志"。对于装饰意志的实体化一般解释为"有装饰性的东西"的概念，特殊解释定义为"装饰"。在本论文中，那不确定的意识到底是怎样的意识也是一个问题。即使"装饰意识"是不可缺少的叫做阶层。这里的确把社会分为了上层和下层的阶层、支配和被支配的关系。

　　可是，在这里被分开的两个阶层各自有什么样的结构呢？农民，也就是被支配者的结构是全部像芒福德（Lewis Mumfort）所讲述的一样，被"母亲"和"家"所固定。如果没有了超级阶层，"母亲"和"家"不会有平均信息量的增大。

五十岚：今天想就硕士论文和您聊聊。山本先生在学生时代做过毕业设计吗？

山本：我不做毕业设计，虽然我很喜欢设计。我看还是把自己的想法归纳成论文更有意思，所以选择了论文。还在历史研究室呆过一段。

五十岚：拜读过你的硕士论文"论住宅意义的结构"，首先想到的是构筑性的论文。作为建筑师表明观点，给人深刻印象。插图也很少。

パー・オイキアと呼んでいる。ここでまさに 社会は下層と上層のオイキアに分断され、支配するものとされるものとの関係が定着する。

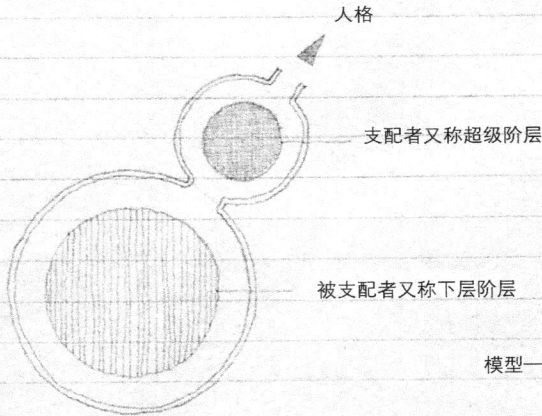

人格

支配者又称超级阶层

被支配者又称下层阶层

模型——2

しかし ここで2つに分数とれたオイキアはそれぞれどのような構造を持っていたのか。農民つまり支配される側にあるものの構造は、すでにマンフォードが述べているように 「母」と「家」との定着によって示すことができる。もしスーパー、オイキアの存在がなかったとしたら、「母」と「家」は 自然社

エントロピーが増大することもあり得る。

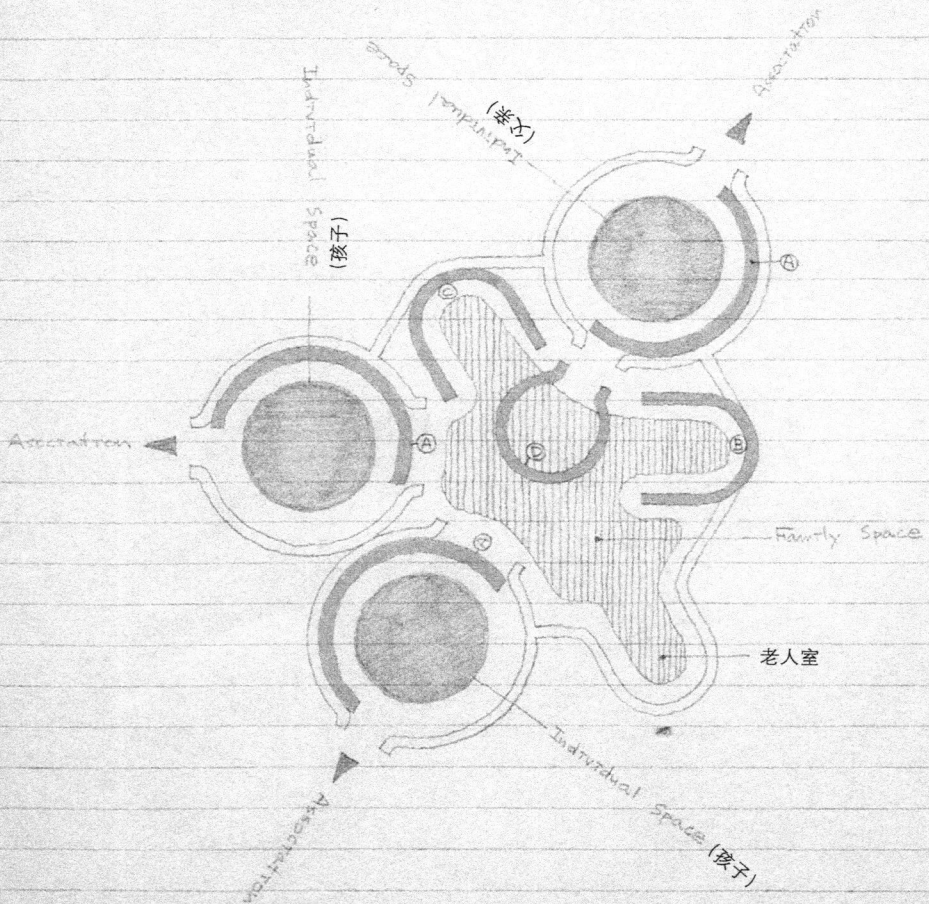

模型——4

然后看了一下参考文献，知道你几乎没参照建筑方面的文献（笑）。里面有原广司先生的《建筑上什么是可能的》、路易斯·芒福德的《历史都市、未来都市》等。其他都是思想领域的教材。现在学生写的论文多是调查已存在的社会现象，经过实地考察、问卷归纳而成。而你的论文完全是不同类型啊。

你在"序"中说论文是"装饰论"的扩展，所说的"装饰论"就是在日本大学时写的毕业论文吗？

山本：是的。进了"艺大"读硕士时，山本学治老师在研究生院让我继续做这个"装饰论"，结果变成了完全不同的内容，我想不这样写对不起老师。

五十岚：对住宅问题抱有强烈意识，是在进入硕士课程之后吧。

山本：是的。正好也是校园纠纷的时候，使我产生了这种意识。当时，日本大学研究生院近江研究室的黑泽隆先生发表了《单间群住居论》，这也给我带来很大影响。

五十岚：由于校园纠纷硕士论文被往后推迟了一年吗？

山本：是的，文章本身在二年级时就完成了，对当时《都市住宅》的主编植田实谈了内容后，他让我先写稿给《都市住宅》，硕士论文以此为基础整理了出来。

五十岚：我读过"住宅模拟"（《都市住宅》1970 年第 4 期），也通览了这篇硕士论文。原文最后一段的论述，沿着自然社会、农业社会、工业社会这些发展阶段做了历史的分析，这是我头一次知道。

山本：是马克思主义的历史观，直到 60 年代末，提到历史都是这种方式，当时我也觉得：是这么回事啊，只能这么去做了（笑）。受吉本隆明的《共同幻想论》的刺激，我是个铁杆的吉本崇拜者，

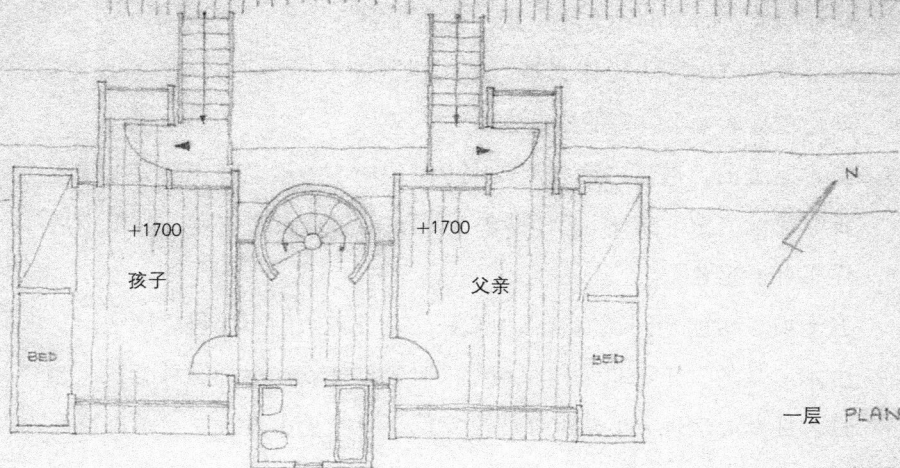

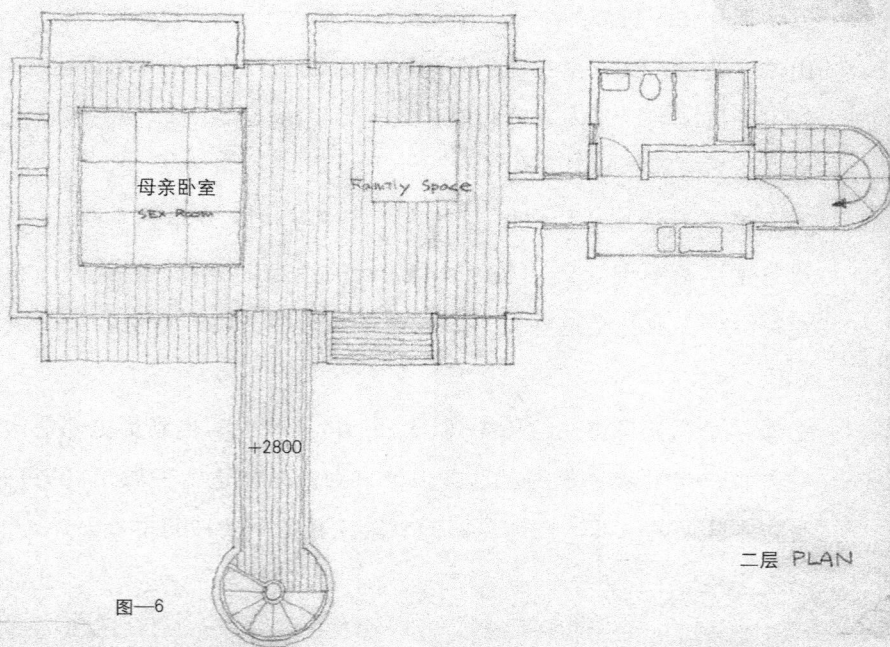

098

I O

锅炉

+1700

孩子

+1700

父亲

BED

BED

N

一层 PLAN

母亲卧室
SEX Room

Family Space

+2800

二层 PLAN

图—6

经常去听他的演讲，讲得不仅有趣，风格也非常吸引人。

在大学的时候，在西洋建筑史小林文次老师的教研室，我觉得用历史方法看问题是理所当然的。学习了许多有关拉斯金、威廉·莫里斯（William Morris）等的知识。赫伯特·里德（Herbert Read）、尼古拉·贝沃斯娜（Nikolaus Pevsner）等对我来说都是近代建筑的教科书。

五十岚：论文的前半部一边参照克利斯托弗·亚历山大（Chrislopher Alexander），一边论述系统。与其适应状况，不如从这里介入进去而改变其含义。不局限于追认社会现存的系统模式的制造，而是由此改变社会。之所以把它看做宣言式的东西，就因为里面渗透着对这层意思的表白。它与当时的校园纠纷有关吗？

山本：关系密切。站在校园纠纷对立面的人会说：社会就是这样形成的，不可能改变。山本老师也说：比如，高峰时间满员的电车里，大家都朝着一个方向下车时，你会与人流逆行而上吗？做不到吧。而我持相反观点，将社会与满员的电车做比较不合适，貌似现实的未必就是现实。所谓社会，有时确实像满员的电车，但这只是一种看法，自己就不能选择另一种不同的生存方式吗？我想就这问题对老师说。

带着这种感觉与老师展开了激烈争论，"明天该如何去回应老师？"每天在家都想这个问题（笑）。山本老师以非常正确的语言反论我。现在回想起来，由此我学到很多知识。

五十岚：读了这个让我想起受巴黎5月革命影响的建筑师伯纳德·屈米。当时，屈米在巴黎目睹了学生、工人起义的塞纳河拉丁区的空间变化状况。此后，在此基础上萌发了他的程序论。那时理解了空间功能不是给予的，而是使用它的人使其发生变化。和形态与功能是断绝的建筑论相联系。

山本先生看过神田的塞纳河拉丁区斗争吗？

山本：见过，很恐怖。不过只是站在一旁，御茶水那里警察不见了，学生们可放开手脚，有种无拘无束的感觉。

但是，对我的文化冲击比起神田的经历来赤军派更强烈。当我感到神田的开放感与赤军派有联系时，心情极差。当我了解了在山里虐杀同伴的赤军派内情后，觉得恐怖，我想假若轮到我一定属于被杀之列。

自己要做正当的事情，无论如何就得有个党派。对于敌对的东西如何去表现，让人觉得就是这种斗争中的表现。从那时起，就抱着坚决不参与党派的想法。

屈米是怎么写的我不知道，但依靠自己改变自己的状况这种意识非常强。松山严先生、铃木博之先生也都是这样，我们那个时代的人受当时背景影响很深，不过松山、铃木两位先生并没有成为建筑师。那时候脑袋好使的人都成不了建筑师（笑）。

○　　　○　　　○

五十岚：您好像正忙于《装饰论》的装订工作，全部工作都是您自己完成吗？

山本：是的。既然是《装饰论》，出书不讲究一些哪行（笑）。

五十岚：想出这本装饰论是怎么考虑的？

山本：在大学的时候，深受山本老师《素材和造型的历史》的影响，要经常考虑装饰性的东西应取自何处。比如，早期的汽车驾驶者要

坐在马车夫习惯坐的位置，马没有了，而马车夫那个位置还是照原样搬到了汽车的制作上，这种结构在书中就写成装饰性作用（190页）。范型这个词在当时还很少有人知道。

赫伯特·里德在他的《工业设计》中写道："难以想像的事物会让人马上注意到一些可实现的抽象美的东西。"刚说到的汽车就是其中的一例。我看到这里，也想到了汽车确实难以想像，而如今不是整个车身都装饰起来了吗。（翻着书说）这是当时花冠和桑尼的画样（见190页），对比起来有些不同，这微小的不同不就可以称其为装饰吗？我非常肯定地认准这就是装饰。

不是仅仅满足了功能这个"要求"，具备了素材这个"手段"就能成形，还要加入平时的"装饰意识"这一条，还有什么形状造不出来呢？我当时就是这样说的。小林老师接着说，看了西多派的修道院才叫有意思呐。查了一下的得知，西多派以不用装饰著称，但是，实际并不是这样，而是类似荒唐风格的建筑。

五十岚：确实。西多派（Ordo Cisterciensis 略写：OCist）修道院的柱顶只是些简单的几何形状，而实际上每个都有微妙区别。毕业论文讲述了近代建筑形态和功能以一对一函数出现，作为不同概念，这里加进了装饰意志这一变数以增加各种形状的思路。

山本：是的，不过这种装饰意志不被当事人所意识，范型一变换就可以看到与各时代不同的装饰，而处在那个时代的人却未必注意这就是装饰。对于当事人而言想不到这就是装饰，通过范型革命才被以后时代赋予了装饰这个命名。作者想说的大概就是这些。

○　　○　　○

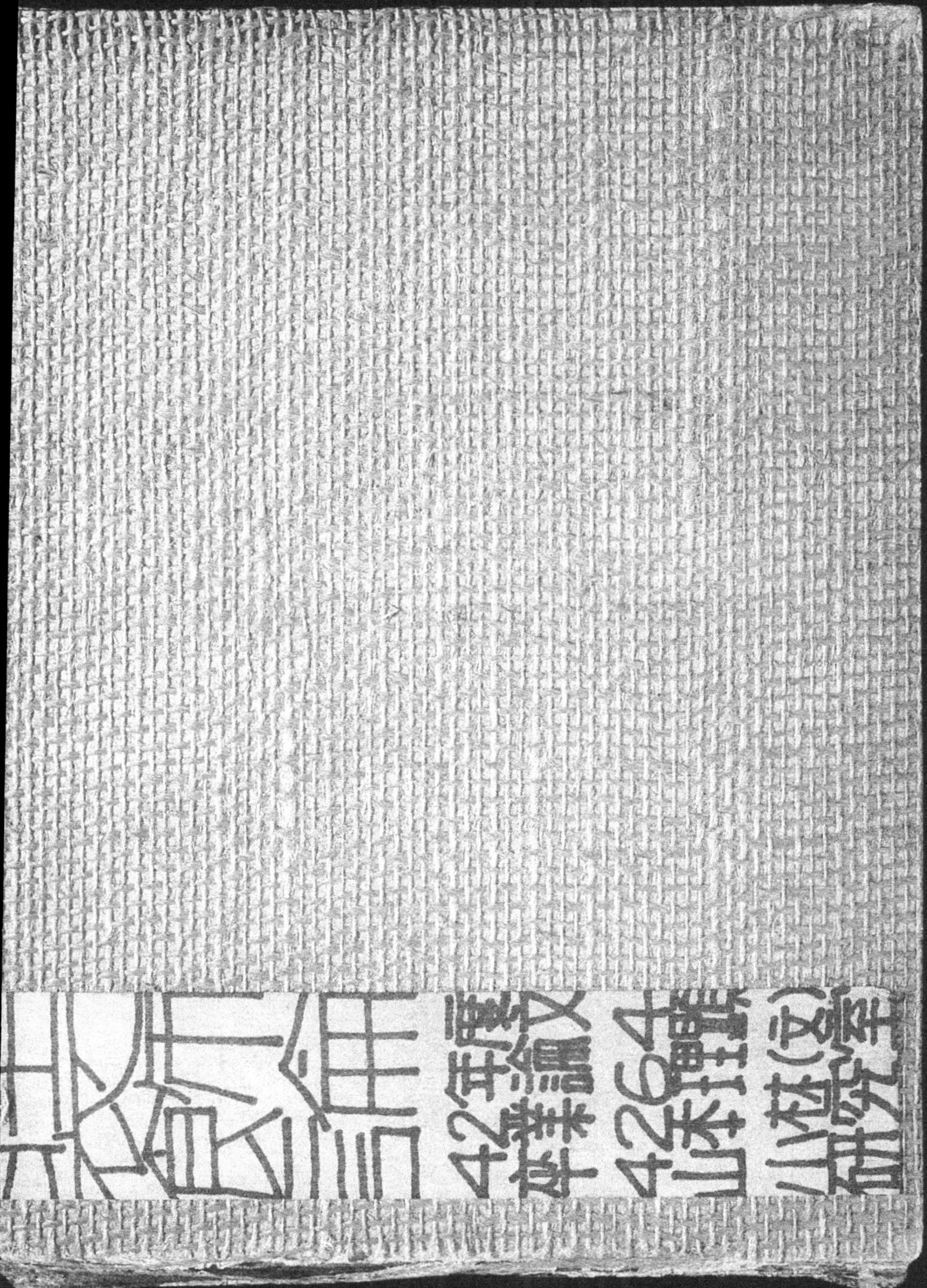

回望过去，新"工具"的登场往往不能马上变成新的样子。最初的汽车出现时，很像是马车的样子，而且最初的铜斧长得也很像石斧。常常是经过装饰，那些"工具"也拥有了相应的新的样子。

* LANCHESTE 1909

* "素材和造型的历史"
山本学治。

产生新"要求"。那种"要求"也会因"工具"的发展而被解决。汽车的概念中也产生了不能"形态化"这一"要求"。这里有"装饰意志"，加入了"有装饰性的东西"这一解释。就算是根据同一"要求"和"工具"，"形态化"的同一种类汽车也会因设计者的不同产生"形态"基本一致，但有不一样的部分。

* 尼桑 1000
** 花冠 1000

五十岚：其实山本先生读大学、研究生和去历史研究室的经历我还是刚听说。山本先生的这番话，对于学生时代同样也做过历史研究的我来说，当时确实是很强的刺激，感铭肺腑啊。那么您为什么往历史方面发展呢？

山本：是呀。为什么呢（笑）？

五十岚：将来打算做设计吗？

山本：是打算去搞设计。当时川添登先生做得不错，浜口隆一先生、伊藤 TEIJI 等建筑评论家们的活动很有意思，对我也产生一些影响，而且搞设计懂得历史是很重要的，研究历史的前辈们都这样说，这没错。

我在大二的时候参加了建筑史研究会这个学生组织，搞的都是民宅和寺庙，毫无兴趣可言。大三那年我当上主任时想搞近代建筑，觉得基·迪欧（Sigfried Giedion）、芒福德等人的书很有意思，马上引起对历史的兴趣。

五十岚：基·迪欧的《时间、空间、建筑》当时都读了吗？

山本：读是读了，可那种书不好懂啊。

五十岚：是的，还很长（笑）。

山本：译本读得也很累。里查士（Richards）的《什么是近代建筑》简洁而易懂，看过以后很容易理解。我还在建筑史研究会做过一段时间，很自然地去了小林研究室想直接从他那里去读研究生，可是，听说研究生院只有一个名额，小林研究室就没有去成，我对小林老师说：《素材与造型的历史》这本书很好，他当场就给我拨通了山本老师的电话，让我去见他。

那时，想描绘将来也不那么容易。所谓设计，也有一股非常荒唐的风潮。当时有元仓真琴、松山严、井出健三人搞了一个组织叫

"金平党"，以及由武藏野美术大学的学生办的"遗物研究所"等，把这些学生们的实地考察内容加进《都市住宅》。我也感到比设计更为重要的是设计鉴定，以及怎样表现新视点这类的主题。

○　　　○　　　○

五十岚：作为硕士论文参考文献列入的少量建筑师的书中，原广司先生和他的书你是从什么时候开始注意到的？

山本：刚到12期就结束了。可是，还有《设计评论》这本书，多亏横尾忠则先生给他配了封面，所以尽管他写得很难懂，可还是满漂亮的。

那时对原先生的书读得很多。《建筑的可能性》的前半部，里面基本没写建筑的问题，可也给了我很大的影响。山本老师对我的硕士论文评价不高，我就送到了原先生那里，他说"非常有意思！"，于是就成了原氏研究室的研究生。

五十岚：集落调查是从艺大毕业后参加的吧。

山本：是的。原先生在东大的生产技术研究所，当时没什么事情可做（笑），有一次想到冲绳去潜水，了解了一下旅费很贵，再添一点就够去欧洲了，所以，就同目前在槇文彦事务所供职的若月幸敏一道订立了一个赴欧旅游的计划。而且当时任《SD》主编的平良敬一说：如果顺便采访可给你们100万日元的补贴。但，回来时就要写出一本书。

五十岚：够可以的！

山本：我们一下子就来了精神（笑）。采访组成员共13人，所以那点钱明显不够，大家一起打工存钱才去的。若不是那位主编平良先生如此大度豪爽（笑），也许原氏研究室的城市调查组就不会存在了。但考虑一下这 100 万还是很便宜的。拍照片、写稿子，包括 13 个人的采访经费 100 万。不过，对于我们来说，这已经是感激不尽了（笑）。

五十岚：硕士论文里面提到了毛尼族和达尼族的事例，画出葫芦形的图表是在参加城市调查之前吧。

山本：是啊。我看过 SD 丛书里的《住的原型 I》（泉靖一编）这本讲人类文化学的书，里面也有毛尼和达尼两个民族。另外，读了当时刚刚翻译过来的列维·施特劳斯（Levi Strauss）的《可悲的南回归线》，我的思路被自己随意理解成了结构主义。自认为这是我的思路。把我的思路扩展开就是葫芦形的图表。

五十岚：这样完成的一本书从空间论角度该怎么理解？平时从这角度去读的时候会出现葫芦形的图表，是吗？

山本：是不是空间论说不好，总之想做成图式化看看，建筑师总是采用图式化方法，比如在图书馆，书库、阅览室、门厅、大厅不都是各自用圆来描画是怎样组合起来的吗。五十岚先生也这么做过吧。

五十岚：是的。上建筑规划和设计课的时候，首先学这个。然后是讨论结构主义，其原本就是空间主义的设想，易于图式化。

山本：确实如此。不过有些时候这种方法也画不好，这时就去找朋友切磋，往往会理解成不是圆的组合，应该是与动线一起画上去。于是就出现了葫芦形，顿时展示出了建筑性。虽然比较单纯，可我觉得这是个不错的创新，也许我本来就很单纯吧（笑）。

比如，以图示来表现近代住居，从玄关进入起居室，再往里是孩子的房间以及夫妇卧室，把它画成葫芦形，而实际上我觉得从外面直接进入单间更好些。因此，成为硕士论文里的"模型4"（见183页）所描绘的图示。

五十岚：农业社会和工业社会的住宅形式也画成了葫芦形，后来成为一个重要关键字的"域"这个词你还没有用上吧。

山本：米歇尔·福柯（Michel Foucault）的《知识考古学》中出现过"域"这个字，原先生忠告我"域"这个字很重要。此后，我也使用起来了。

五十岚：你在硕士论文中提出这个开创性的图示，也介绍了把这种模式用于建筑住宅项目的图纸（见164页）。

山本：虽然这个住宅并未实现，但做了设计。

五十岚：这份硕士论文本身就是很了不起的建树，同时，也与设计好似合为一体一样。其自身也可以作为一种毕业设计。

○　　　○　　　○

山本：我的硕士论文已拍出录像片了。

五十岚：哎，那是用来放映发表吗？

山本：是的，就像电影一样。可口可乐、意大利航空公司等，把精美的商业广告音乐做成录音盒带，在硕士论文发表会上与录像带一并播放。其实16毫米录像与录音也可同步，可我不会用（笑）。

五十岚：这可真了不起啊。阿基格拉姆拍的片子，今年已刻制了DVD出版、萨伏伊别墅已做成了动漫片、《2001宇宙之旅》的影视作品也完成，还插入了建筑上激进的声明。与山本做的是同一类的事，那个时候拍片还是不多见的。

山本：是啊，真的没有。尽管没有阿基格拉姆、拍得那么精巧。

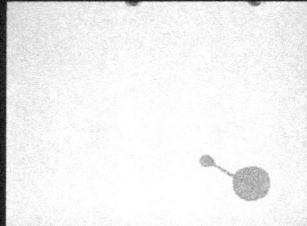

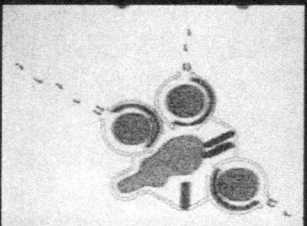

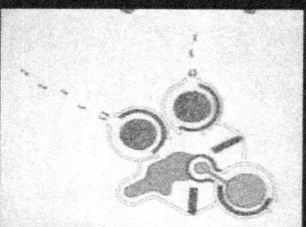

修士論文のための映像作品

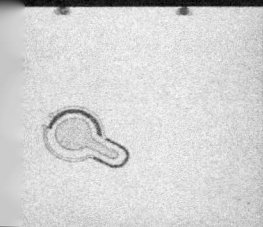

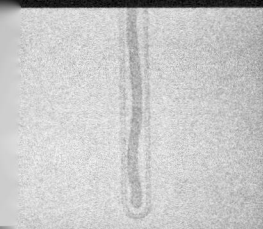
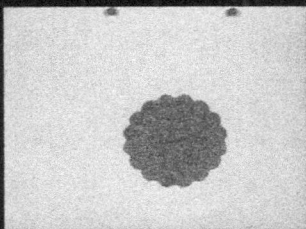

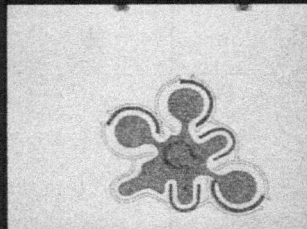

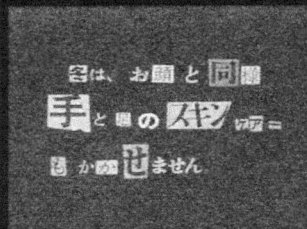

五十岚：在那以前做过片子吗？

山本：不，是头一次。在前一年硕士设计作品的发布会上，有前辈用幻灯片做说明，那很有意思，所以我想把自己制作的葫芦图示也用动漫形式让它动起来。

五十岚：现在用电脑就可以做动画，而当时都是靠手工的，相当费时间吧。

山本：那还用说嘛，非常吃力啊（笑）。借来 16 毫米摄像机一个一个镜头地拍，每秒 32 张的，动起来以后看得比较自然，可是按每秒 32 张去画怎么可能呢？想到这里就在工作室里按每秒 4 张去画，每张拍 8 次……就这样画下去，累得不得了。途中记不得按了几次快门，于是又从返工重新开始，一个人就这样干到半夜累得天昏地暗（笑）。与山本老师合不来（笑），所以，无论如何也要做出让他认为好的作品。

○　　　○　　　○

五十岚：再次回想起来，觉得怎么样？

山本：学生时代考虑的东西，现在也在继续思考。时代变了，我自身也在变，但是，社会和自己个人相协调的方法基本没有变，这恐怕不只是我个人的想法吧。

五十岚：最后，请对那些正面临毕业设计和毕业论文的学生们说几句吧。

山本：现在考虑的问题将来要继续考虑下去，所以就应该把它想透，这是我平时常跟学生讲的。也许在想学生时代没有完成的事，或那个时候的想法在社会上是否适用。不管哪方面，写毕业论文或硕士论文时所考虑的事，一生总会以某种方式连续下去。实际上学校学的东西并不多，硕士论文或毕业设计是独立思考的绝好机会。

座谈

毕业设计与时代同在，现在，我们应如何面对？

五十岚太郎　　本江正茂

列席：阿部笃（宫城大学事业构想学部本江研究室）

毕业设计——日本第一的决赛

五十岚：明年将迎来第四届"毕业设计日本第一决赛"，赛事一年强似一年。听说本江先生从最初就与这一赛事有关联，那么，是如何开始的？

本江：2001 年，配合仙台的媒体大厦揭幕，召集东北大、东北工大、宫城大的学生成立了"仙台建筑都市学生会议"组织，既然有这样一个平台，总得有个建筑专业的活动吧。于是，第二年 3 月，举办了"2002 仙台建筑奖"活动。以仙台学生为中心，把他们自认为好的作品拿到仙台媒体大厦画廊去展示，最后那天，藤本壮介先生、当时在宫城大目前在京都工艺纤维大的仲隆介先生、阿部仁史先生、东北大的小野田泰明先生，还有我，我们五个人挑选出作品，并向学生赠送礼品，以此为基础对作品做公开评论并发奖。尽管参展作品并不多，可到场参观者还是超过了 1000 人。

这很有意思，于是策划了第二年的活动，就把焦点锁定在毕业设计上，定名为"毕业设计日本第一决赛"。带有"日本第一"字样的活动，我们该是首创吧（笑）。因为是在仙台媒体大厦举办活动，请伊东丰雄先生出任评委主任，这反响出乎预料。

五十岚：多少人报名？

本江：2003 年报名 230 人，实际送交作品 152 人次；2004 年报名 307 人，实际送交作品 200 人次；今年报名 522 人，实际送交作品 317 人次。截止到 2004 年参观人数为 2000 人左右，而今年已达到 3500 人，人数在逐年递增。今年的公开评议当天到场 1500 多人，

2003 年"毕业设计日本第一决赛"（审查委员长：伊东丰雄。
审查员：塚本由晴、阿部仁史、小野田泰明、仲隆介、规桥修、本江正茂。）

是仙台媒体大厦一年中到场人数最多的一天吧（笑）。

五十岚：作为建筑类的活动能有这么多人参加，很了不起啊。

从前年开始，东部沿海圈也自发性地举办了超出大学范围的联合毕业设计展，我也参加过，虽然没有仙台这种感召力可也办得很热闹。首都圈学生集中到横滨的一座红砖仓库里办的联合毕业设计展也吸引了不少人参与。

毕业设计展是一种具有祭奠性的活动，现场颇多亮点。对学校评价的不满、感到不足的学生很多。因为学校的评审是不公开的，只公布结果，不知道自己的毕业设计得到什么评价。

本江：是的。我们也意识到了这一点，而"全国第一名决赛"的大原则是"非学校推荐的自愿参加"、"完全公开评议"和"当场决出第一名"。

　　毕业设计展会有很多，但大多由学校推荐后参展。经毕业设计审查后，再开会决定"这个参加学会组织的展览"、"这个由《近代建筑》刊出"凭这种感觉做划分。怎么说当然还是学会的档次高一些，其间总要做些微妙的平衡，然后才最终决定下来。

五十岚：如果由学校推荐，做选择时毕竟要考虑学校的威望。尽管遇到亮点，可是作品之间不便平衡就不能拿出去代表学校，如果是自发性的展会就不必考虑这些。有时学校内不被评价的作品却能评上第一名，而评委的评分标准又都很透明，这很特别，学生方面也有参加的主动性。

本江：首届由东大的学生拿到了第一名。可是，他并未荣获辰野奖。其实这也很正常。不管怎么说，题目、规模都各有不同，惟有毕业设计是共通点，要评判作品优劣，不变的评价标准不可能存在。

　　而对于那些因不知道自己作品得到的是什么评价而不满的学生，评委们全部公开评议是极为重要的。客观上不会有什么日本第一，不采取"由这五个人决定的"评委负责评选的方式活动就无法成立。所以，我们选评委也是很慎重的。评价会因评委而不同，所以就要考虑年龄段的平衡，要使议论热烈，什么样的人选合适。作为主办者就要发挥嗅觉优势做选择了（笑）。

　　首届关东地区以东的大学参加者较多，第二届以后关西的学生多起来。去年，竹山圣，今年，宫本佳明这些关西大学执教的建筑师也来参加，来自关西的报名者也多起来了。

赛况资料

本江：对参赛作品进行数据统计，今年报名的 317 人中，男生 220 人，女生 78 人，另有 19 人没有注明男女。

五十岚：女性也在积极参加嘛。

本江：是的，女生占了四分之一，从学生的比例来看还是很多的。

如果按各都道府县做比较，最多的是东京，有 116 人。总的来看还是学校的多一些，东京占全体的三分之一以上，轮到地方的宫城才 23 人，明显减少，然后是大阪 18 人，北海道 14 人，神奈川 12 人。

报名最多的大学是东京理科大 19 人，第二位是东大 18 人，不过东大这个专业只有 50 个学生，可见比例是相当高的。政法 15 人，工学院 13 人，芝浦 12 人，往下是千叶大、东北工大、东北大、日大、北大等都是仅几个人报名。其中只有一人报名的也不在少数。总共超过 80 所院校，从北海道到冲绳，国内建筑专业的大学都参加了报名，去年还有来自伦敦的学生报名。

按用途整理出来很困难，大致说，单户独立住宅和公共住宅合起来的住居类设计大约占四分之一，文化设施类占三分之一，其他比较突出的是港站设施类。

五十岚：塚本由晴先生的毕业设计就是港站建筑，可现在的毕业设计占相当比例的是在交通设施上加入多种功能的项目，形成了颇具魅力的场所。

本江：像样的毕业设计要有规模，易于插入各种东西。所以受人欢迎。我至今还记得当年在什么地方看过比我高一届的塚本的作品曾引起我的兴趣，做得相当出色啊。东京大学认真的人较多，我觉得做得很出色。

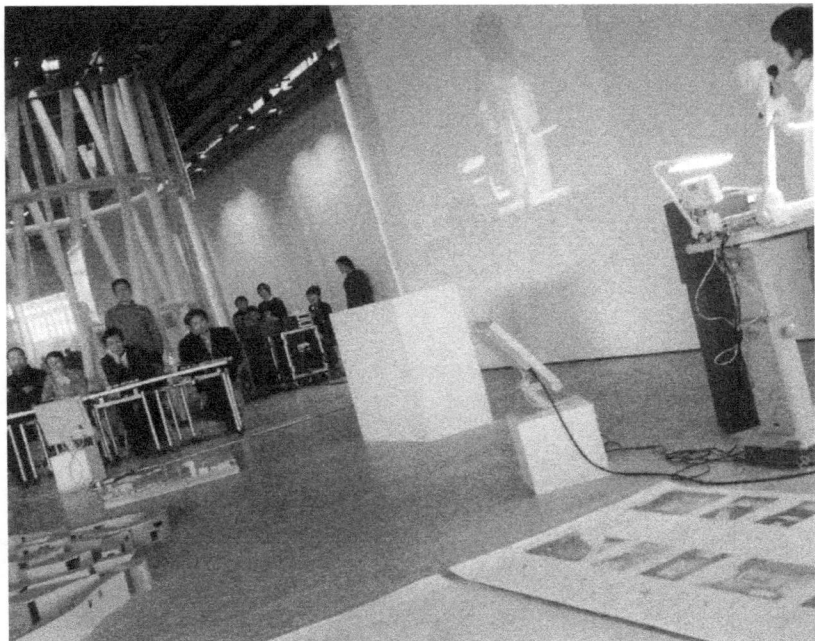

2004 年"毕业设计日本第一决赛"公开评审
（审查委员长：伊东丰雄　审查员：阿部仁史、千久美子、小野田泰明、竹山圣）

阿部：通过预选的 110 人当中有 47 人把建筑用地设定在东京都内。

本江：据说都市部分把文化设施和住宅混在一起的作品很多。

五十岚：要说住宅类，单户独立住宅确实较少。

本江：是的，公共住宅较多。

　　阿部君对今年通过预选的 110 份作品做过分析。从居住类、文化设施类和港站设施类这三种类型来看，其用地规划的描述方式完全不同。这里所说的用地规划并不是用地里面的建筑配置，而是为了说明用地的背景情况附上的图，画出各自占有多大面积。住宅类当然比较小的，平均约 624 米见方；文化设施类约 2823 米见方；港站设施类约 11280 米见方，总共计划出 10 公里见方的一块用地。

2005 年"毕业设计日本第一决赛"

可以看出建筑用途不同用地规划的规模也不相同，这也许是理所当然的一件事。

有趣的是近半数学生把用地选在东京，可图上却未予注明。而使用地方城市用地的人如不做充分说明就不能作为共有背景，为此只好繁杂地描述用地草图。处在东京的场合，即使只写上秋叶原几个字也同样是共有背景，可见建筑用地规划很不严谨。

即使换个角度看这件事，在东京选择用地的人，其标题中多出现涩谷、水道桥、歌舞伎町等地名，而地方上的人则不写。地方城市带乡土气的地名就是写进标题，别人看了也不会明白。大家或许都是把能共有背景的地名作为名牌来使用。

同样的情况在广岛也存在。把用地选在广岛的人很大一部分都把"广岛"写入标题，并且要加上"和平"两个字，也就是将地名象征性地使用。从阿部君的分析可以看出，这些作品的问题设置从一开始就形成了千遍一律的趋向，如果把这些作品放在一起看，其共通之处就会越来越多可以作为一种倾向来讨论了。

五十岚：看过艾尔文·比莱（Erwin　Viray 1961 年生于菲律宾）的论文"建筑图面论：东京大学建筑学科毕业设计图面（1879 ～ 1926 年）的研究"后发现，明治、大正时期的毕业设计中基本都没有用地的图纸。到了大正时期，出现了浪漫主义住宅，但大体上都是大型建筑，像搞工艺美术一样设计博物馆、大教堂。与场地关系不大，比起平面来更要靠立面来取胜。而且，几乎没有概念的说明。

到了 1960 年代，市政机关、文化设施增多，当时各城市都在上这类建筑。从一个较大跨度看毕业设计，对建筑的追求确实在变化。

本江：矶崎新先生的毕业设计是美术馆、市政机关等公共设施，近前看会发现导言部分是九州的地图。在那个时候从学术气氛上是必须做背景说明的，或者可以说矶崎先生是很卓越的一分子……

五十岚：确实，首先，它表现出分析都市群体形象与用地之间的关系这样一种姿态。因为处在 1950 年代，受昌迪迦尔（1947 年柯布西耶在印巴地区设计规划的城市）、丹下健三的现代派建筑的影响很深。

明治、大正时期的毕业设计把图纸作为精美的画作，当作目的去追求。看到这次的采访，得知明快而富于力感的现场模型是从古谷诚章那个时候开始的，那以前的模型往往不会在毕业设计中表现出来。

本江：现在背景说明已经被看得很重要了，所以得画出10平方公里的建筑用地规划、负责背景说明的模型也都得是大制作，把毕业设计本该做的实质东西给改变了。

五十岚：是的，模型越来越大。还多亏有了ＣＡＤ，在画图上不会那么费时间了，可是余出来的时间精力又投入到模型上去了，过去图纸的张数是按时间有比例完成的，可是，由于有了电脑那种劳动概念就不复存在了。或者是因为ＳＡＮＡＡ可以完成众多庞大的模型，因此才流行起来。

本江：有抱负的建筑师们越来越乐于使用模型了，菊竹清训、槙文彦、丹下健三几位先生不用说也都做过模型，可是也没见他们如何充分利用其做演示啊。从出现空棘鱼那个时代开始，为表现项目就有了用来引人注目的模型。摆上很多红色的人偶，模型比精心描画的素描还能表达很多事情，这与这样的气氛形成有关。雷姆·库哈斯也通过演示有效地发挥了模型的效果。

制作体制和演示能力

五十岚：我当年做毕业设计的时候，正值泡沫经济时期，有人曾为毕业设计花掉30多万日元，找几个助手闷在制图室里干上一个月，扔进去不少钱（笑）。现在的学生是不是也有这样花钱的？

本江：确实，自己只画个草图，剩下的全都交给助手们去做，但是，要管他们吃饭，就像建筑事务所的老板只做管理（笑）。

可如今这种事已经不多了，或许是钱夹也都攥得比较紧了。或许是认为这样的管理也没有意思。用太多的助手人际关系就有麻烦，只找比较知心的人来做是现在的气氛了。

阿部：我有同感。

2005 年"毕业设计日本第一决赛"公开审查
(审查委员长：石山修武、审查员：青木淳、宫本佳明、竹内昌义、本江正茂。)

本江：而且这还影响到了最近学生不能很好地说明自己的方案这件事。若像建筑事务所的老板那样做的话，"这个不对，为什么这样呢……"等等都必须要进行说明。而现在都是气味相投的人在帮忙，所以一点就透，不用再讨论方案了。所以，演示时若被老师插上一句，就说不上来了。

这样就会换来"现在的年轻人啊……"这类的话，不会有什么好的评价（笑）。

进入全国第一决赛的都是前十名的选手，请他们现场演示，公开评审的当天如果不到场，就拿不到第一了。看这种演示，就会发现很多人独自上台说明的能力很糟糕。这边投出一个变化球，学生那边就语塞了，这种场面很常见。于是，流畅做答的人就十分显眼，所获得的评价也就会高。

今年到最后时出现了两个作品抗衡的局面，评委就向两人提问，其中一人对答如流，思路十分清晰，而另一人则全凭感觉回答，这就明显地左右了评审。以非常短时间的演示，能否给大家一个共同感受，在最后的答辩时是否回答恰切是一重要因素。

时代精神与毕业设计

五十岚：最近这 10 年，依附型、试管型、网络型等这类主题的作品很多。每个学校不尽相同，但毕业设计总会带有强烈的时代流行的烙印。

我们做毕业设计的时候是 20 世纪 80 年代末，现在来看，都是屈米、里拜斯肯德（Daniel Libeskind）那样的特色（笑）。

本江：是的。多属缺乏技术佐证类的高科技东西。如今已经不流行在大块用地上轰然立起一座建筑了，多是楼宇中插空，或依附于其他建筑，临时设置很多小项目的方式。是一种把建筑作为社会性事物的提出方案姿态，与我们完全不同。

决定主题时，多是对于高龄者、外国人、儿童，以及残疾儿童的设施，都并非是"面向人民"或"面向广大市民"的姿态。而应把焦点聚向有特性的人们，以他们为对象，采用像针刺治疗那样有针对性的方法。我觉得在选题中也反映出那样大规模建筑是不可取的了。

阿部君是大四学生，今后要搞毕业设计，对毕业设计有担心吗？

阿部：在今年毕业设计日本第一的决赛评审中，有很多评价是"没搞懂社会问题"、"这想法有失礼节"。我比较担心这个。

五十岚：最近，我想专门看看逆潮流的东西是什么样。当今社会上正在重新生产出要求政治性正确的东西，已到了让人厌烦的程度。

　　被评价为没有社会性的作品，我想也许其建筑本身也没有趣味。既有趣又有颠覆社会性意图的作品我会极力推荐。

阿部：刚才的谈话已提到了这个问题，今年的最终演示，大家都努力说明自己的方案，结果"我的都市形象已画成了草图"，这样只有透视图和模型的作品却进入了第二名，在学生中引起一场轩然大波。

五十岚：名古屋的联合设计展上，有一个把整个飞机改造成酒店的作品，没想到却拿了第一名。导致后来有学生质问评委"这也能叫建筑吗！"（笑）。

本江：提出这种让人有些搞不懂的形象优先的方案，能使一些人认为"那是件好作品"，就在于其看似简单，实际却颇有难度。所以给予好评。

　　第一次日本第一决赛时，争夺第一、第二名的也是与今年同样的构图。一个是只用素描、色彩鲜艳具有压倒优势的作品。另一个是小型建筑，制作非常精致，表现正统的社会性题材的作品。讨论没有得出结果，最后按多数评委的意见决定名次，两者只差一票。

　　不同价值观的东西聚在一起，为其排顺序本身就很过分。迄今已搞了三次，但只为追求平衡而得出的结果总会消沉下去，极端地以形象预选出来的作品和精工细作具较高完成度的作品，最后一番猛烈对决，幻想的一方失败。

五十岚：名古屋的那架"飞机"，第二年借用扑克牌的形式，以动漫方式表现奇妙身材关系的空间作品，又获得了第一名，连续两年以幻想取胜（笑）。

本江：这也许与活动的特性不同有关，但不管怎么说是日本第一呀（笑）。尽管引起落选学生的不满，可也只能接受该评委对自己的作品不感兴趣，换了其他人也可能有不同评价了。

五十岚：我去过一个展览会，叫做"ＡＲＣＨＩＬＡＢ（建筑·城市·艺术新实验展）"那里展示 20 世纪后半期建筑，即所谓试验建筑的系谱。当时，几个学生一边看着 20 世纪五六十年代的建筑作品，一边赞叹："棒！这些家伙们太自在啦。现在，我们如果拿出这样的作品，一定受到老师训斥⋯⋯"（笑）。

听到这些议论，我深有反省，老师还是带有压制性的啊。

本江：因为是学校嘛，哪能光去支持这些事。不过，内心里还是认为这些学生很出色，但是，却很难说出这类东西是好的建筑。两面为难，让人觉得压抑，而学校也就是这种地方。

藤森照信先生的毕业设计也一样，对功能之类肯定也没什么兴趣（笑）。若认真考虑功能平衡，乐意琢磨适当配置，这类人可以为此去努力。对于那些认为形象比功能更重要的人也可以为他的目标去努力。

五十岚：可是现在，与形态有力以及形式相比，做的是哪种项目，怎么去用？这才是当今时代评价的着眼点。

本江：是的，我也不认为功能组建完备后，就是最佳答案了。我们能够如此重视选择做什么项目这个问题，是因为对于一种想要表现的文脉来说，只有合适的项目才能更好的表现出其效果。但是对于为了出好的效果应采用哪种构造的建筑计划性的整合，我们却没有认真研究过。因此，对这一点还没有人有正确答案，也没有人能给出评价。

五十岚：最近，我觉得了不起的是大阪市立大学和近畿大学的学

3 TERRITORIES
死·战争·难民

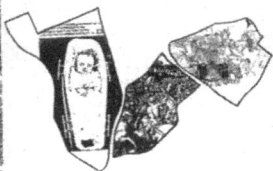

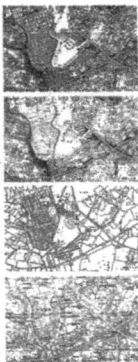

RETERRITORISATION OF DEATH, WAR AND ASYLUM
700089 Masashige MOTOE

5 SYSTEMS　　5个系统

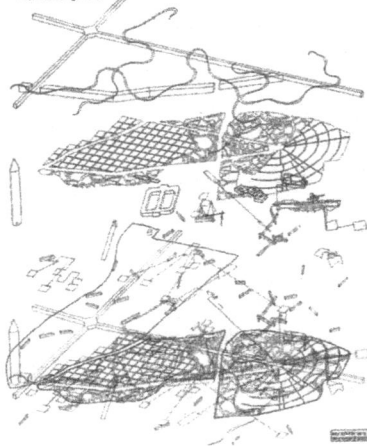

RETERRITORISATION OF WAR AND ASYLUM
Masashige MOTOE

SCENE 6
ASYLUM CENTER　　为难民准备的公共设施

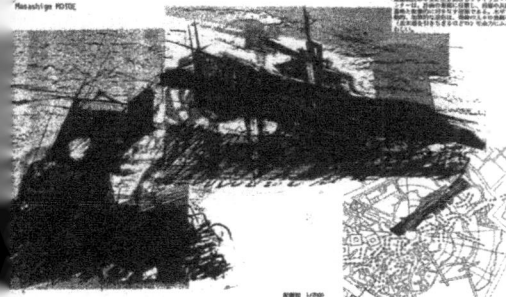

SCENE 7
CEMETRY TOWER

RETERRITORISATION OF DEATH, WAR AND ASYLUM
700089 Masashige MOTOE

RETERRITORISATION OF DEATH, WAR AND ASYLUM
700089 MOTOE

SCENE 6
ASYLUM CENTER

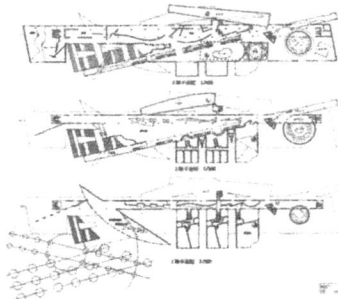

为难民准备
的公共设施

公共墓地

本江正茂〝3 TERRITORIES 死·战争·难民〞1989 年

生在毕业设计时，真的把大阪的中崎町民房改建做成了咖啡屋这件事，据说毕业后就到此工作了，也就是说他们创造出了劳动场所。后来，我在中部大学早期的一个学生长岛千聪君，在毕业论文的基础上出版了《纸箱房屋》（白杨社）。虽说是学生作品，但推动着现实社会。

15年前的毕业设计

五十岚：最后再就我们的毕业设计说几句吧（笑）。本江先生你当时如何？

本江：我做毕业设计时正赶上泡沫经济时期，各地都在再开发。现在正在修建国立美术馆的东大生产技术研究所（旧陆军第一师步兵第三团）和美军星条旗新闻社、青山墓地那里设定为防卫厅建筑用地，做了要"毒杀东京"的题目。想要在六本木中央制造"死"、"战争"和"无缘"（海外劳工）"的复合压抑情结。

把东大生产技术研究所改建成战争博物馆，防卫厅旧址成了称为"无缘"的海外劳工职业培训学校等综合设施，青山墓地的超高层骨灰堂则像土星火箭一样矗立在那里，画了这样一些插图。来六本木游玩时，视线一闪，"哎，那是一片墓地吗。"让它在想像中存在，当骨灰堂装满时，火箭就点火，向冥王星发射。说到这把大家都逗笑了（笑）。

结果还是讲故事。浮在经济泡沫上的街道近邻，横着黑压压的东西，突然瞬间相互交错，这样的故事。贴上历史资料中的照片和吸引人的广告词。战争博物馆只是演示了剖面图，建筑图纸不齐。槇先生说："本江君的毕业设计作为一个故事很有趣。不过，建筑要有设计才行。"于是，被列为鼓励奖作品。

五十岚太郎 "神圣之物"
1990 年

五十岚先生觉得怎样啊？

五十岚：故事性很强。藤森先生的毕业设计用了杜勒，而我也写过有关 18 世纪法国建筑师勒克（Jean-Jacques Lequeu）的论文，所以，以杜勒、布莱（Louis Boulle）的巨大球体建筑为基础建成了核电站。

当时，也正值广濑隆的《核电在东京》出版。开始是简单地反对建核电站，与驹场同一宿舍的核能专业朋友们讨论时，渐渐地由反对建核电站的意识转向了考虑核电站建筑技术的可能性。自己背离了自己最初设定的题目，或是出现了不同的题目，不过，我想这很好。

听说核电站只能运转 30 年，到了不能再使用时的拆除方法各种各样，有用混凝土与沥青封固的方法，我想这是个不错的主意。核电站的排出废物再处理后仍是放射水平较强的废弃物，埋入地下其影响也要残留数千年。将东京湾的核电站、再处理工厂以及高放射水平废弃物构筑成一体化的人工岛，到期限时再用混凝土和沥青封固填埋起来。但是，只要放射能埋在那里，不被开发浪潮波及，那个地区就成了几千年不被触及的巨大遗迹。金字塔是 5000 年前的建筑物，而对于我们而言，20 世纪的建筑物就像金字塔一样能留到数千年以后，难道这不就是核电站吗？

没过多久，在那里有了核电站，记忆中断。什么原因说不清楚，东京湾浮现出神圣的小岛，有传说接近那里会遭灾，去一看，核电站成为一种宗教设施。制作了这样一个故事。

在大学里没有获奖，以改换演示为条件参加了柠檬画翠主办的学生优秀设计作品展。自己也很清楚，比起设计，故事的评价好一些。做设计时，引用过《2001 年宇宙之旅》以及岩石遗迹（stonehenge）

等，为什么会成为这种形态，总也找不到确实的根据。但是，觉得或许编故事比别人更出色，历史、评论比设计更适合于我。

本江：着眼于科技的阴暗面，经过一段成长期后，形成了类似圣殿的主题，与现在五十岚先生的工作都是直接相关的。虽说是 15 年前的事，但我再次感觉到毕业设计如此有效地影响我这样发展过来（笑）。

五十岚：于是我就进入了宗教建筑的研究。对《过度防卫的都市》的关注也与此有关，从毕业设计那个时候就是这个爱好，以后就更明显了。

本江：是的。我也曾暗想，费力地认真画图不如构思一个故事更重要，现在也是这样想。15 年来核心没有什么变化，对问题的处理方法等，自己要坚持从毕业设计中诞生出的活生生的东西。

五十岚：我在毕业设计之后，去实地参观了一座核电站，那可不是普通概念的工厂，真的是个很神圣的地方，我相信自己的直感。穿上防护服走进去，里面非常寂静。

本江：登上今天的六本木高层大厦 Hills，可以很清楚地俯视我毕业设计中的建筑用地所在区域，当年的军事设施已荡然无存，看着感慨颇深。我们还是学生的时候，就生活在东京的正中心，背负着完全不同的另一种影子。如今历经 15 年，像剃胡子一样完全不见了。修建东京第一的超高层建筑，取名东京中间地带，这是我的败笔（笑）。

五十岚：最近讽刺性作品不多。都很直率，或是说风格不雅（笑），总有些独出心裁。

把自己的核心与社会连在一起

五十岚：我们最初的毕业设计题目很容易确定，但是，彻底深入下去自己就颠来倒去，偏移到自己未曾想到的方向上去了。我的核电站也是如此，觉得将自己最初决定的题目剥去一层皮来看才有意义。

本江：是的，20岁出头的人生若还不鞭策自己，价值就无从谈起了。我们是无可替换的，不让人们明白这一点，就无法从事建筑。努力去发掘、磨练自己核心的东西。如何让人们清楚这一点，怎样与其他人联系起来，这两方面很重要。

譬如，五十岚先生的毕业设计，不仅真正地发掘了自己的核心部位，与外部如何形成联系也表达出来了。所以，现在作为专业人士的五十岚的形象就展现在那里，而不是那种不让人看的秘密的我。做的同时要思考，在社会中自己以什么姿态出现，但有一点可以肯定：不去做是无法搞清楚的。

五十岚：是的。做的时候能清楚这些要点很了不起。

我也做过很多徒劳的事情，当时大家贴出去的都是用文字处理机打出来的很漂亮的字，而我却背道而驰偏偏用手写，结果只落个一手黑。现在我还在反思这问题（笑）。我记得当时一些微不足道、自以为是的口角也很常见。

本江：这本书所讲的采访也把毕业设计的美好回忆提炼了出来，也许与现实有差距，就算做初恋中的故事吧（笑）。所以，囫囵吞枣不可取。但是，毕业设计毕竟是意义深远的，我想这毫无疑问。

简　历

五十岚太郎／建筑史·建筑评论家
1967 年生于法国巴黎。1990 年，毕业于东京大学工学系建筑专业。1992 年，东京大学研究生院硕士，工学博士。现任东北大学副教授。著作：《终点建筑／起点建筑》(INAX 出版)、《新宗教及庞大建筑》(讲谈社)、《近代诸神与建筑》(广济堂出版)、《战争与建筑》(晶文社)、《Readings：1 建筑读物／都市读物》(编著、INAX 出版)、《矶崎新的建筑讲义》(合著　六耀社)、《大厦类型解剖学》(合著王国社)、《EDIFICARE》(合著　transart 社)、《现代建筑透视图》(光文社) 等。

青木淳／建筑师
1956 年生于神奈川县 .1980 年，毕业于东京大学工学系建筑专业。1982 年，同大学研究生院硕士。1983 ～ 1990 年，供职于矶崎新工作室。1991 年，创办青木淳建筑设计事务所。作品：游泳馆 (1997 年)、 博物馆 (1997 年)、御杖小学校 (1998 年)、雪国未来馆 (1999 年)、路易·威登表参道大厦 (2002 年)、青森县立美术馆 (2006 年) 等。

阿部仁史／建筑师
1962 年生于宫城县。1985 年，毕业于东北大学工学系建筑专业。1987 年，同大学研究生院硕士。1988 ～ 1992 年，供职于柯普·辛迈布朗。1989 年，于南加利福尼亚建筑大学 (SCI－Arc) 硕士课程修了。1990 年，任 SCI－Arc 讲师。1992 年，创办阿部仁史工作室。1993 年，东北大学研究生院博士 (工学) 课程修了。目前任东北大学研究生院工学研究专业教授。作品：读卖传媒宫城宾馆 (1997 年)、宫城体育场 (合作设计、2000 年)、关井妇科诊所 (2001 年)、苓北住民会馆 (合作设计、2002 年)、SOB (2004 年) 等。

矶达雄／建筑记者
1963 年生于　玉县。1988 年，毕业于名古屋大学工学系建筑专业，同年，在日经 BP 社的《日经建筑》任编辑，1999 年离职后，于 2002 年，作为共同创办人加入福利克美术家工作室。现任桑泽设计研究所客座讲师。

乾久美子／建筑师
1969 年生于大阪府。1992 年，毕业于东京艺术大学美术系建筑专业。1996 年，耶鲁大学研究生院建筑学部课程修了，1996 ～ 2000 年，供职于青木淳建筑计划事务所。2000 年，创办乾久美子建筑设计事务所。作品：片岗台幼儿园改建工程 (2001 年)、LOUS

VUITTON KOCH（2003 年）、YOGANRERV 丸之内（2003 年）、麦里斯御殿场（2004 年）、新八代站前纪念碑（2004 年）、LOUS VUITTON OSAKA HIL TON PLAZA（2004 年）、DIOR GINZA（2004 年）等。

仓方俊辅／建筑史学家
1971 年生于东京。早稻田大学建筑史研究室博士课程修了，现任日本学术振兴会高级研究员。工学博士。著作：《吉阪隆正与柯布西耶》（王国社）、彰国社编《柯布西耶的印度》（合著 彰国社）、铃木博之编《伊东忠太其人》（合著 王国社）等。

佐藤光彦／建筑师
1962 年生于神奈川县。1986 年，毕业于日本大学理工系建筑专业。1986～1992 年，供职于伊东丰雄建筑设计事务所。1993 年，创办佐藤光彦建筑设计事务所。现任名古屋市立大学副教授。作品：上马之家(1997 年)、梅丘住宅(1999 年)、仙川住宅(2001 年)、＋A VIA BUS（2002 年)、西所泽住宅（2003 年)、武藏境新公共设施设计方案佳作（2004 年）等。

塚本由晴／建筑师
1965 年生于神奈川县。1987 年，毕业于东京工业大学工学系建筑专业。1987～1988 年，就读于巴黎建筑大学贝维尔分校（U·P·8）。1990 年，东京工业大学研究生院硕士课程修了，1992 年，与贝岛桃代创办工作室－1。1994 年，东京工业大学研究生院博士课程修了，现任同大学研究生院副教授。博士（工学）。作品：哈奈斯国际公寓（1995 年)、安妮舍(1999 年)、川西町营小别墅 B (1999 年)、清晨舍(2001 年)、嘉耶舍(2003 年) 等。

西泽立卫／建筑师
1966 年生于东京。1988 年毕业于横滨国立大学工学系建筑专业。1990 年，同大学研究生院硕士。同年供职于妹岛和世建筑设计事务所。1995 年开始与妹岛和世合作设计。1997 年创办西泽立卫建筑设计事务所。现任横滨国立大学研究生院副教授。作品：熊野古道中边路美术馆（1997 年合作设计)、周末住宅（1998 年)、镰仓住宅（2001 年)、船桥公寓（2004 年)、金泽 21 世纪美术馆（2004 年共同设计）等。

藤本壮介／建筑师
1971 年生于北海道。1994 年，毕业于东京大学工学系建筑专业。2000 年创办藤本壮介建筑设计事务所。现任东京理科大学昭和女子大学客座讲师。作品：圣台医院作业疗法楼（1996 年)、沉默山庄（2002 年)、伊达救援寮（2003 年)、安中环境艺术论坛国际设计方案竞赛最优秀奖（2003 年)、T－house（2005 年）等。

藤森照信／建筑师·建筑史学家
1946 年生于长野县。1971 年，毕业于东北大学工学系建筑专业。1978 年，东京大学研究生院博士。现任东京大学教授。工学博士。作品：神长官守矢史料馆（1991年）、蒲公英房屋（1995年）、韭菜房屋（1997年）、一棵松房屋（1997年）、秋野不矩美术馆（1997年）、熊本县立农业大学学生宿舍（2000年）等。

古谷诚章／建筑师

1955年生于东京都。1978年毕业于早稻田大学工学系建筑专业。1980年同大学研究生院硕士。1986～1987年，供职于马里奥·博塔事务所。1994年创办NASCA。现任早稻田大学工学部理工学部教授。作品：狐城之家（1990年）、熊本县天草旅游中心（1994年）、安普曼博物馆（1996年）、诗与童话画册馆（1998年）、弯房／曲房（2001年）、近藤内科医院（2002年）、神流町中里联合办公楼（2003年）、茅野市民馆（2005年）等。

本江正茂／建筑师

1966年生于富山县。1989年毕业于东京大学工学系建筑专业。同年，同大学研究生院博士课程肄业，任助手。2001年，任宫城大学事业构想学部设计情报专业讲师。博士（环境学）。著作：《Office Urbanism》（合著 新建筑社）、《虚拟建筑》（合著 东京大学综合研究博物馆）、《工程·书》（合著彰国社）等。

山本理显／建筑师

1945年生于中国北京。1968年，毕业于日本大学理工学系建筑专业。1971年，东京艺术大学研究生院硕士。同年，任东京大学生产技术研究所原氏研究室研修生。1973年，创办山本理显设计工场。目前任工学院大学教授。作品：ROTUNDA（1987年）、HAMLET（1988年）、岩出山町立岩出山中学（1996年）、 玉县立大学（1999年）、公立函馆未来大学（2000年）、东云运河CODAN（2003年）、建外SOHO（2004年）等。

照片资料：

仙台建筑都市学生会议　205、207、209、211
古馆克明　159
畑拓（彰国社）　63、95、109、125、151、169、187
和木通（彰国社）　85
彰国社　23
无标记的照片皆由书中各位建筑师提供。